装饰工程

质量通病解析

苏州新筑时代网络科技有限公司　编

江苏凤凰科学技术出版社

图书在版编目（CIP）数据

装饰工程质量通病解析 / 苏州新筑时代网络科技有
限公司编. -- 南京 : 江苏凤凰科学技术出版社，2018.7
ISBN 978-7-5537-9196-8

Ⅰ. ①装… Ⅱ. ①苏… Ⅲ. ①建筑装饰－工程质量－
质量管理 Ⅳ. ①TU767

中国版本图书馆CIP数据核字(2018)第094875号

装饰工程质量通病解析

编　　　者	苏州新筑时代网络科技有限公司
项 目 策 划	天潞诚 / 薛业凤
责 任 编 辑	刘屹立　赵　研
特 约 编 辑	彭　娜　范　琳　杨倩倩

出 版 发 行	江苏凤凰科学技术出版社
出版社地址	南京市湖南路1号A楼，邮编：210009
出版社网址	http://www.pspress.cn
总 经 销	天津凤凰空间文化传媒有限公司
总经销网址	http://www.ifengspace.cn
印　　　刷	深圳市雅佳图印刷有限公司

开　　　本	889 mm×1194 mm　1／16
印　　　张	6.5
字　　　数	80 000
版　　　次	2018年7月第1版
印　　　次	2018年7月第1次印刷

标 准 书 号	ISBN 978-7-5537-9196-8
定　　　价	128.00元

图书如有印装质量问题，可随时向销售部调换（电话：022-87893668）。

○ 致各位装饰界同仁：

在装饰施工的过程中，大家都会遇到各式各样的收口、质量、感官等方面的问题，我们把这些最为常见的问题统称为"通病"。这些问题的产生多数伴随的是设计、施工、管理过程中的疏忽大意，而"通病"会直接导致大量材料、人工、时间的损失。那如何才能杜绝这类问题的发生呢？最好的办法当然不是去整改和维修，而是一开始就做对！本书通过多位业内资深专家对实际项目案例出现的问题的总结归纳，通过对"通病"问题的成因讲解以及预防和解决办法的描述，双管齐下，为您直击"通病"核心，实现真正意义上的装饰项目节支降本。

新筑时代

CONTENTS

／目录

关注我们,获取更多课程

第一章 顶面工程类

01 顶面轻钢龙骨吊顶结构安装错误 /6
02 顶面副龙骨端头固定方式错误 /7
03 顶面造型转角开裂 /8
04 顶面检修口未加固 /9
05 顶面石膏板不平整 /10
06 轻型灯具部位未设置吊挂装置 /11
07 石膏板吊顶伸缩缝处开裂 /12
08 石膏线条转角接缝处开裂 /13
09 窗帘盒侧板面起弧不平直 /14
10 顶面工艺槽与门套出现孔洞 /15
11 顶面木质收口条转角接口处脱落 /16
12 顶面铝扣板边缘脱落 /17
13 顶面石膏线、PU线条对角处纹路不通 /18
14 淋浴房顶面花洒四周乳胶漆受潮 /19
15 顶面干挂大理石接缝处未进行加固 /20
16 顶面装饰木线条与吊顶侧板收口不当 /21

第二章 墙面工程类

17 轻钢龙骨隔墙门套变形、松动 /22
18 T形轻钢龙骨隔墙相交处易开裂 /23
19 轻质砖墙体使用膨胀螺栓固定 /24
20 原墙体与新砌轻质墙体相交处易开裂 /25
21 门洞处基层板与原墙面相交处开裂 /26
22 墙面腻子空鼓 /27
23 石膏板墙面底部发霉 /28
24 墙面线管开槽部位乳胶漆开裂 /29
25 墙面石膏板V形拼缝过大，易开裂 /30
26 墙面乳胶漆黏结层脱落 /31
27 门套线完成后未紧贴墙面 /32
28 木饰面框45°拼角开裂 /33
29 踢脚线与门套收口不美观 /34
30 踢脚线与墙面未紧密贴合 /35
31 墙面木饰面与石材踢脚线收口不当 /36
32 木饰面基层贴木皮之后出现气泡 /37
33 木饰面表面起花斑 /38
34 木饰面踢脚线与石材地台相交处收口不到位 /39
35 圆形木饰面相交板块接缝不平整 /40
36 弧形木饰面板块相交处拼缝过大 /41
37 墙面玻璃拼缝不密实 /42
38 木饰面内嵌不锈钢脱落 /43
39 墙面石材与硬包相交处不锈钢条使用错误 /44
40 不锈钢嵌条与硬包收口不当 /45
41 软包面层起褶 /46
42 木饰面与壁纸收口不合理 /47

第三章 地面工程类

第四章 细部工程类

43 墙纸起鼓 /48

44 石材工艺缝处，视线可看见黑缝 /49

45 镜子安装开关面板引起镜子开裂 /50

46 银镜密拼出现开裂 /51

47 阳角乳胶漆施工不顺直 /52

48 窗台板外延与墙面阴角收口不美观 /53

49 门套被乳胶漆施工二次污染 /54

50 门套未进行成品保护被破坏 /55

51 墙面乳胶漆发霉 /56

52 墙面彩色乳胶漆颜色不统一 /57

53 墙面壁纸受潮起花斑 /58

54 墙面壁纸拼缝明显 /59

55 墙面壁纸与木饰面收口处不平整 /60

56 木饰面与顶面收口不当 /61

57 墙板拼缝处开裂 /62

58 石材踢脚线与石材地台收口不当 /63

59 墙面石材干挂出现透胶现象 /64

60 马赛克基层渗透表面出现污染 /65

61 墙面乳胶漆出现气泡 /66

62 墙面石材未进行合理对花 /67

63 墙面石材出现爆角现象 /68

64 石材踢脚线颜色不一致 /69

65 墙面石材与顶面乳胶漆收口不当 /70

66 墙面石材与木饰面硬收口 /71

67 大理石台下盆钢架松动 /72

68 墙砖十字拼缝处出现高低差 /73

69 卫生间钢架隔墙未做地梁 /74

70 地砖缝隙渗水 /75

71 地面玻化砖起拱 /76

72 地砖空鼓、脱落 /77

73 地面石材与墙面石材出现朝天缝 /78

74 石材与石材对角不通缝 /79

75 地面石材出现开裂 /80

76 地暖使用后，混凝土开裂、石材起鼓 /81

77 地毯与石材相接处出现高低差 /82

78 方块地毯拼缝不密实，出现翘角现象 /83

79 钢楼梯石材踏步出现空鼓 /84

80 石材楼梯踏步悬挑处出现崩角现象 /85

81 地毯与踢脚线相接处出现缝隙 /86

82 地毯起拱 /87

83 防腐木翘曲、开裂 /88

84 消防卷帘门轨道下口出现空洞 /89

85 水泥自流平出现起泡现象 /90

86 不同石材使用同种填缝剂 /91

87 阳台未装门槛石，阴角出现渗水现象 /92

88 地面找平后出现跑砂现象 /93

89 水泥砂浆止水坎被人为破坏 /94

90 地板与石材交接处地板被踩下去 /95

91 地板起拱 /96

92 钢化玻璃因安装不当而破碎 /97

93 浴缸石材检修门出现爆边现象 /98

94 钢架焊接点焊缝、焊渣处理不规范 /99

95 钢架焊接点有夹渣 /100

96 细木工板基层服务台石材开裂 /101

97 石材台面倒角未打磨到位 /102

【问题图片】

【通病现象】

轻钢龙骨吊顶的主龙骨、主龙骨大吊、副龙骨挂钩未正反安装，影响吊顶的稳定性。

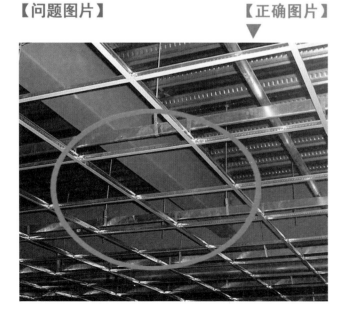

【正确图片】

【原因分析】

1. 项目部对工人的技术交底不到位。
2. 工人无正确、合理安装意识。
3. 项目部监督不到位。

【预防及解决措施】

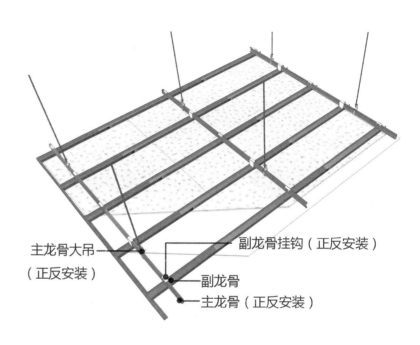

主龙骨大吊（正反安装）

副龙骨挂钩（正反安装）

副龙骨

主龙骨（正反安装）

【主龙骨大吊、副龙骨挂钩正反安装示意图】

1. 在检修口边缘，主龙骨与副龙骨挂钩考虑采用铆固方式，或主龙骨两侧同时安装副龙骨挂钩，增加主、副龙骨连接稳定性。
2. 轻钢龙骨吊顶主龙骨、主龙骨大吊及副龙骨挂钩都必须正反安装，主、副龙骨卡件必须卡紧，且大吊穿心螺栓必须拧紧。
3. 工人应按照项目部的交底进行施工，不得随意施工；加强项目部的监督力度。

【通病现象】

石膏板吊顶副龙骨端头固定方式错误。

【问题图片】　　　　　　【正确图片】

【原因分析】

1.项目部交底不到位。

2.项目部监督不到位。

3.工人偷工减料。

【预防及解决措施】

—— U形边龙骨　　　　　　　副龙骨端头采用
　　　　　　　　　　　　　八字脚方式固定

【顶面副龙骨端头八字脚固定方式示意图】

1.吊顶边龙骨避免使用木龙骨，建议采用U形边龙骨或铝角条，与
　副龙骨连接处用铆钉或螺钉固定。

2.如【正确照片】中副龙骨与挂板固定时，副龙骨端头采用八字脚
　方式固定，并且八字脚用螺钉固定在两侧而不在底面，不会影响
　封板的平整度。

【问题图片】　　　　　　　【正确图片】

【通病现象】

吊顶造型转角未加固，导致转角开裂。

【原因分析】

1. 石膏板吊顶吊筋长度过长，侧面板容易变形。
2. 整体造型主要靠顶面主龙骨吊挂固定，侧面板无支撑点。
3. 吊顶面积过大，未设置伸缩缝。
4. 吊筋长度大于1.5m，未设置反支撑。

【预防及解决措施】

【吊顶转角加固示意图】

1. 造型侧面转角处加主龙骨，增加造型强度，防止骨架变形。
2. 轻钢龙骨之间的连接必须牢固，封石膏板时，转角处可先封一层L形木工板再封石膏板。
3. 吊顶内水电管路要独立设置吊筋固定，和吊顶的吊筋保持一定的距离。
4. 吊筋长度超过1.5m应设置反支撑。

【问题图片】

【正确图片】

【预防及解决措施】

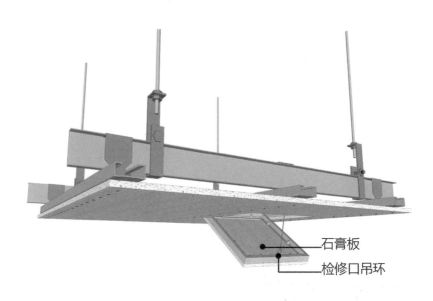

石膏板

检修口吊环

【顶面检修口节点示意图】

【通病现象】

吊顶检修口未加固，后期检修时，检修口附近易开裂。

【原因分析】

1.前期策划不到位。

2.技术交底不到位。

3.工人未按照交底内容进行施工，施工态度马虎。

1.施工前对施工班组进行项目交底，并配以正确照片。

2.在副龙骨下方安装0.5mm厚、宽度不小于300mm的回字形白铁皮进行加固，并及时对现场进行监督。

【问题图片】

【通病现象】

顶面石膏板大面积不平整。

【原因分析】

1.前期施工放线误差大。

2.龙骨上直接悬吊重物，导致顶面造型发生局部变形。

3.顶面吊筋固定不牢，从而引起下沉。

4.石膏板吊顶未做起拱处理。

5.过长石膏板吊顶未设置伸缩缝。

【预防及解决措施】

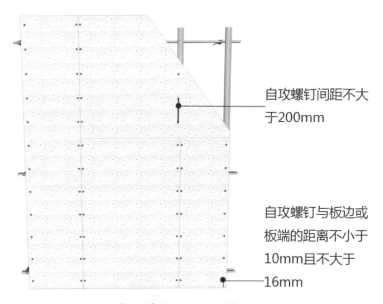

自攻螺钉间距不大于200mm

自攻螺钉与板边或板端的距离不小于10mm且不大于16mm

【石膏板吊顶示意图】

1.主龙骨平行于空间长边方向排布，并按长边距离的1/300到1/200起拱。

2.板中间自攻螺钉的间距小于200mm，自攻螺钉与板边的距离不小于10mm且不大于16mm。

3.吊顶装饰板安装完成后，如果必须上人，应随带长板铺设于主龙骨上，防止破坏龙骨结构。

4.吊顶内的水管、气管在封板之前进行验收。

5.顶面石膏板长度每15m或者石膏板面积达到100㎡时应设置伸缩缝。

【正确图片】

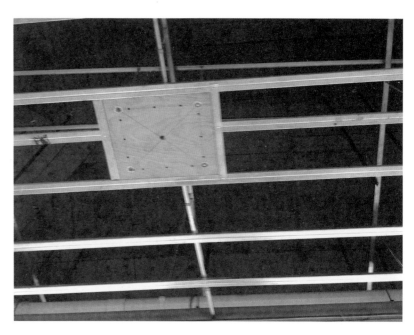

【预防及解决措施】

【通病现象】

安装轻型灯具部位未单独布置吊挂装置。

【问题图片】　　　　【正确图片】

【轻型灯具加固示意图】

【原因分析】

1.未按国家标准规范施工，进行单独设置吊挂装置。

2.未考虑到后期该位置存在的质量问题和安全隐患。

1.在安装轻型灯具的部位单独预设400mm×400mm×18mm阻燃板。

2.在结构楼板面预留挂钩。轻型灯具安装位置的界定：重量小于1kg的灯具可直接安装在轻钢龙骨石膏板吊顶饰面板上；重量小于3kg的灯具安装在副龙骨上；重量超过3kg的灯具、吊扇等应直接吊挂在建筑承重结构上。

3.加强对工人的技术交底，并加强项目的监督力度。

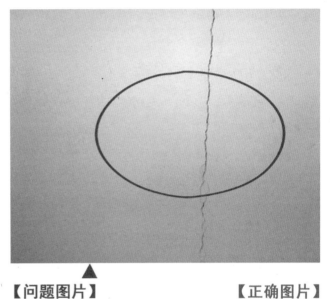

【问题图片】▲

【正确图片】▼

【通病现象】

石膏板吊顶伸缩缝位置出现开裂情况。

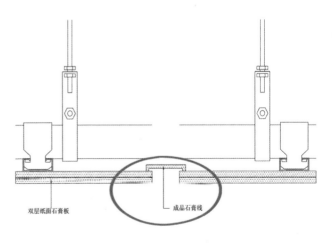

双层纸面石膏板　　　成品石膏线

【原因分析】

1. 石膏板伸缩缝位置及龙骨基层未完全断开。
2. 伸缩缝凹槽内石膏板一端未设置活口。
3. 油漆工施工时将石膏板伸缩缝堵实，导致后期伸缩缝处开裂。

【预防及解决措施】

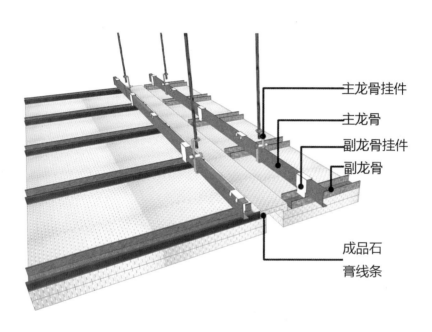

主龙骨挂件
主龙骨
副龙骨挂件
副龙骨
成品石膏线条

【石膏板吊顶伸缩缝节点示意图】

1. 石膏板伸缩缝位置的主副龙骨应完全断开。
2. 伸缩缝制作时，先将伸缩缝两边做成成品乳胶漆。
3. 提高工人施工质量意识，避免油漆工施工时将伸缩缝填实，并加强项目部对现场施工质量的监督。

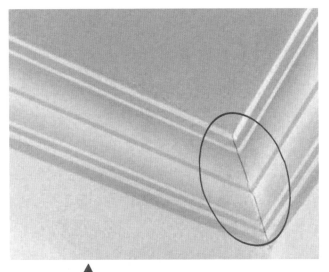

【问题图片】

【正确图片】

【通病现象】

石膏线条转角接缝处无加固措施，易开裂，影响质量。

【原因分析】

1. 石膏线基层不牢固。
2. 石膏线安装时接缝处缝隙过小致使无法满批黏结石膏。
3. 石膏线转角接缝处背面无加固措施。

【预防及解决措施】

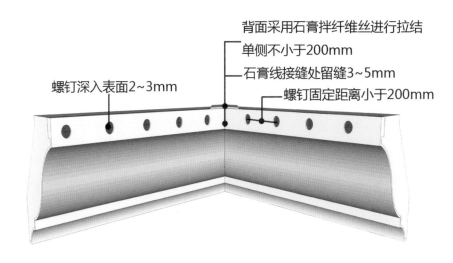

背面采用石膏拌纤维丝进行拉结
单侧不小于200mm
石膏线接缝处留缝3~5mm
螺钉深入表面2~3mm
螺钉固定距离小于200mm

【石膏线转角加固示意图】

1. 石膏线接缝处应留缝3~5mm。
2. 满批黏结石膏后再使用端头螺钉固定，螺钉固定距离不大于200mm。
3. 端头螺钉应深入表面2~3mm，便于油漆工施工。
4. 接缝处背面采用石膏拌纤维丝进行拉结，单侧长度不小于200mm。

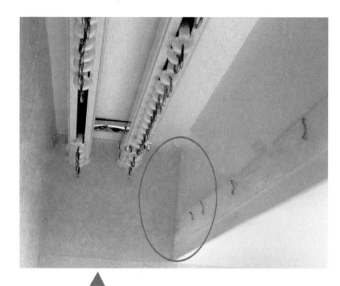

【问题图片】

【正确图片】

【预防及解决措施】

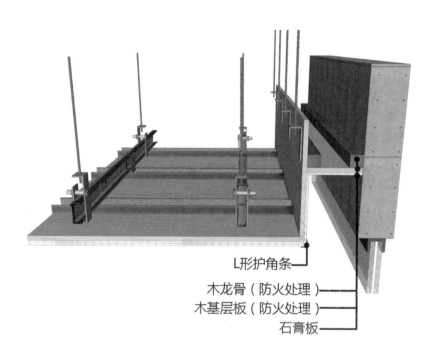

L形护角条

木龙骨（防火处理）

木基层板（防火处理）

石膏板

【窗帘盒安装示意图】

【通病现象】

窗帘盒侧板面起弧不平直，影响观感。

【原因分析】

1.施工时未考虑护角条的厚度，导致后期窗帘盒侧板整体不平直。

2.油漆工施工水平不到位，导致板面不平直。

1.窗帘盒侧板安装完成后，窗帘盒阴角处应使用网格布，防止阴角开裂。

2.对工人进行质量交底，确保窗帘盒侧板与墙面方正。

3.加强项目监督管理，发现问题应及时改正。

【问题图片】

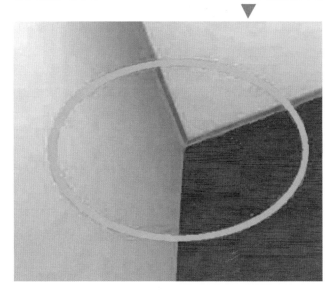

【正确图片】

【通病现象】

顶面工艺槽未贯通，导致工艺缝与门套之间存在孔洞。

【原因分析】

项目深化不到位，未考虑木门套与吊顶工艺缝收口关系导致出现空洞。

【预防及解决措施】

【顶面工艺缝与门套示意图】

1. 在深化时需考虑木门套上口与侧边吊顶留相同的工艺槽，使吊顶四边贯通。
2. 在设计时计算木门套上口吊顶工艺缝，使吊顶和木门套靠在一起，并先确认木门套的厚度。

【问题图片】

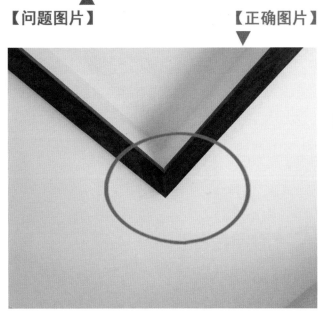

【通病现象】

顶面木质收口条转角接口处脱落。

【正确图片】

【原因分析】

1.工人施工马虎，木质收口条黏结强度不到位，或后场转角加工不到位。

2.项目部监督不到位，发现问题未及时进行修改。

【预防及解决措施】

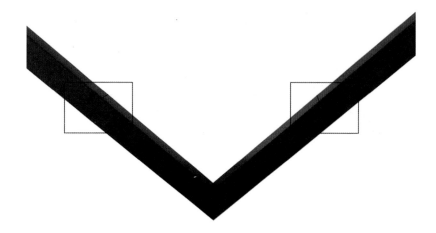

【顶面木质收口条安装图】

1.木质收口条转角在后场加工黏结完成后再进行安装。

2.加强项目监督管理，若发现不规范的收口，应及时进行整改。

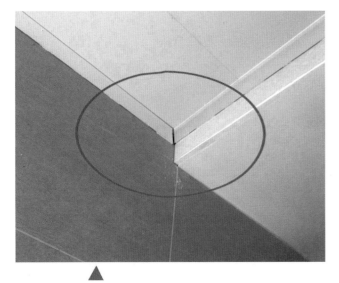

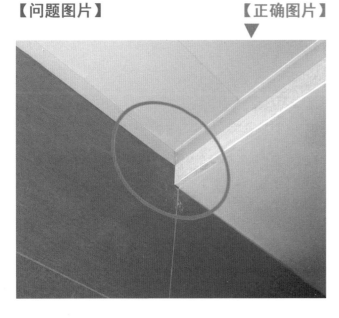

【正确图片】

【通病现象】

吊顶铝扣板边缘脱落，影响美观。

【原因分析】

1.工人放线不平直。

2.入场铝扣板质量不达标。

3.工人成品保护意识薄弱，铝扣板被后续工序破坏。

【预防及解决措施】

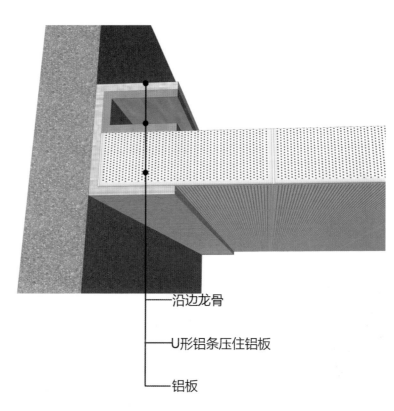

—— 沿边龙骨

—— U形铝条压住铝板

—— 铝板

【顶面铝板边缘收口示意图】

1.提高工人质量意识，确保放线精确。

2.在边缘铝扣板背面加龙骨，或用配套边侧卡件进行受力固定，型材压住板边缘。

3.深化到位，根据排版尺寸，统一加工合格铝扣板。

【问题图片】

【正确图片】

【通病现象】

顶面石膏线、PU线条等对角位置纹路不跟通，观感效果差。

【原因分析】

1. 施工现场适用的为成品石膏线条，未对转角位置对花问题引起重视，质量意识不足。
2. 特殊造型开模制作时未对现场进行尺寸复核，直接按蓝图下单。
3. 施工方式问题，未考虑石膏线条如何合理拼接。

【预防及解决措施】

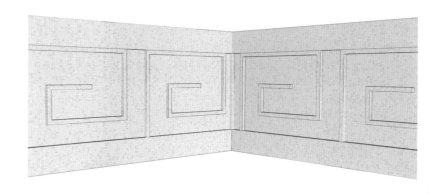

【吊顶艺术石膏角线纹路拼接图】

1. 如遇复杂造型，需特别加工定制的石膏线，用量少的需提前复核现场实际尺寸再下单，避免浪费的同时，做好成品保护。
2. 现场施工过程中建议不要留过多的接口，减少后期开裂，并避免出现质量问题，增加维修工作量。
3. 如用量较大，建议图纸深化时，统一同部位的造型长度尺寸，在条件允许的情况下，建议将转角位置做成一体。

【预防及解决措施】

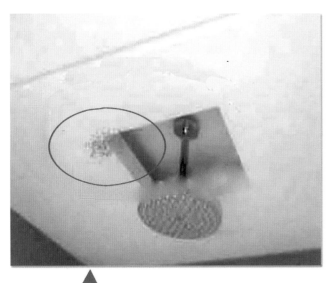

【问题图片】

【通病现象】

淋浴房内顶喷花洒四周
乳胶漆受潮发霉。

【正确图片】

【原因分析】

1.设计师在设计顶喷花洒
   过程中，未考虑到使用
   后会出现受潮情况。
2.该位置基层未使用防水
   石膏板，面层涂料未使
   用防水材料。
3.封闭淋浴房内空气流通
   效果差，水汽长时间不
   挥发。

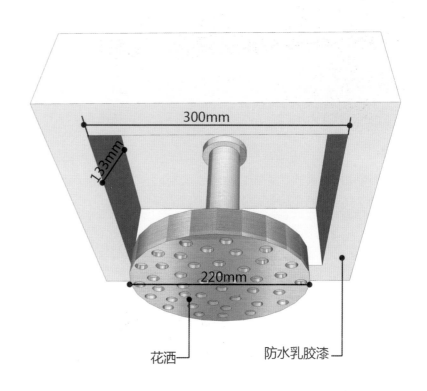

【顶面花洒造型示意图】

1.前期设计该位置时，应尽量控制造型复杂程度。

2.设计淋浴房的同时，应考虑到空气流通问题。

3.施工过程中，该种临水区域必须使用防水石膏板、防水腻子及
   防水涂料。

【通病现象】

顶面大理石干挂后，接缝干挂点的位置，未做加固处理，存在安全隐患。

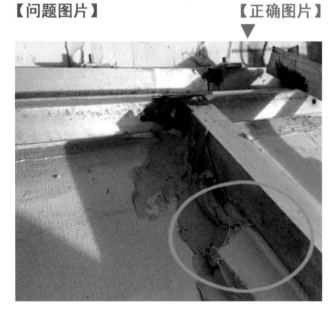

【原因分析】

1.石材单板板幅过大，设计时未考虑到石材的自重问题。

2.石材干挂吊装后，未进行加固处理，增加强度。

3.深化设计未跟设计师进行沟通，建议局部材料进行更改。

【预防及解决措施】

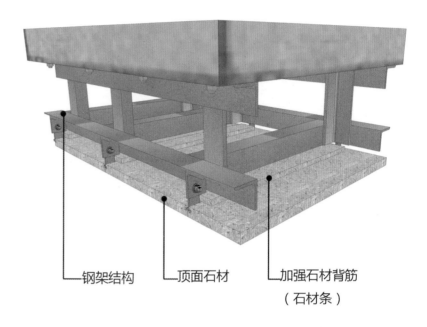

钢架结构　　顶面石材　　加强石材背筋（石材条）

【顶面大理石干挂图】

1.前期设计时考虑利用仿石材质进行局部更换，或排版尺寸不宜过大。

2.顶面大理石干挂时，需对干挂点位及接缝位置进行二次加固处理，增加背条。

3.使用AB胶进行粘贴，不得使用云石胶。

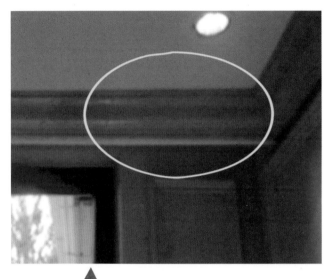

【问题图片】

【正确图片】

【通病现象】

顶面装饰木线条与吊顶侧板收口位置出现开裂。

【原因分析】

1.未对乳胶漆、木线条等材料进行实控，且材料特性未确定。

2.不同材质硬收口位置深化不到位，未考虑到开裂问题。

3.温、湿度等气候问题使木饰面变形。

【预防及解决措施】

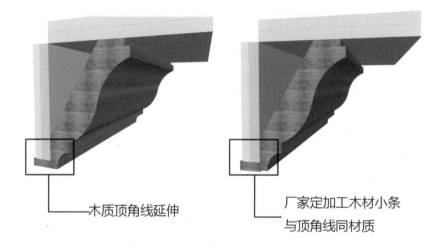

木质顶角线延伸

厂家定加工木材小条与顶角线同材质

【木质顶角线大样示意图】

1.把控好入场材料的质量。

2.在不同环境内的施工过程中，如发现已经变形的材料，应禁止使用。

3.深化设计应前期接入，调整材料之间的收口关系，并及时对工人进行技术交底。

【问题图片】

【正确图片】

【通病现象】

轻钢龙骨隔墙门框四周易变形、松动、开裂。

【原因分析】

1. 施工管理人员施工经验不足，且缺乏质量意识。
2. 未采用加固立柱工艺。
3. 横龙骨与转角竖龙骨未进行加固。

【预防及解决措施】

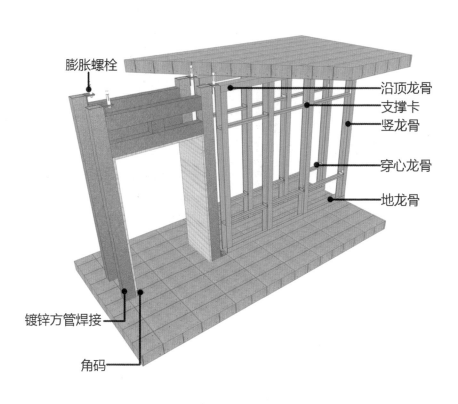

膨胀螺栓

沿顶龙骨
支撑卡
竖龙骨
穿心龙骨
地龙骨

镀锌方管焊接

角码

【轻钢龙骨隔墙门洞加固示意图】

1. 门框四周用方管（竖龙骨）加固，竖向的钢架要顶天立地。
2. 门框竖龙骨与横龙骨加固处理。

【问题图片】

【通病现象】

T形隔墙连接处未进行加固，导致阴角开裂。

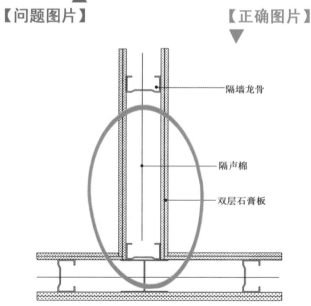

隔墙龙骨

隔声棉

双层石膏板

【正确图片】

【原因分析】

1.对工人技术交底不到位。

2.项目部质量监督不到位。

3.工人施工马虎，未按照
   交底进行施工。

【预防及解决措施】

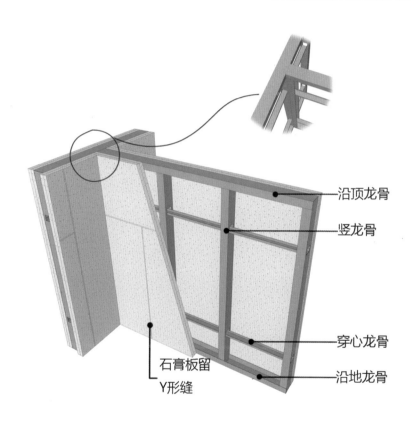

沿顶龙骨

竖龙骨

穿心龙骨

沿地龙骨

石膏板留
Y形缝

【T形隔墙示意图】

1.加强技术交底，防止工人偷工减料，并加强项目部监督力度。

2.隔墙交接处需对基层龙骨进行加固处理。

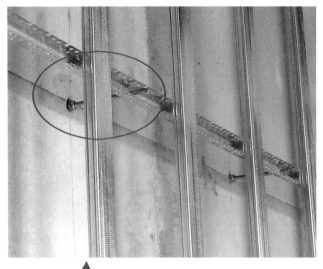

【问题图片】

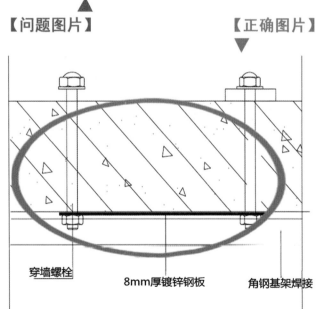

【正确图片】

穿墙螺栓　　8mm厚镀锌钢板　　角钢基架焊接

【通病现象】

轻质砖墙体采用普通膨胀
螺栓固定。

【原因分析】

1.项目部施工经验不足或
　交底不到位。

2.工人图省事或省材料。

3.施工过程中项目管理员
　对项目监督不到位。

【预防及解决措施】

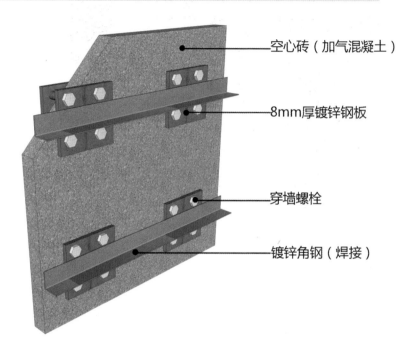

空心砖（加气混凝土）

8mm厚镀锌钢板

穿墙螺栓

镀锌角钢（焊接）

【隔墙穿墙螺栓安装示意图】

1.轻质砖墙体采用穿墙螺栓进行固定，墙面两侧固定点处应加钢板，
　增加稳固性。

2.采用植筋胶方式（在轻质砖墙体打80~120mm深的孔，注入土
　建使用的植筋胶，直接插入丝杆）。

3.轻质砖墙体的任何固定方式都必须保证拉拔强度，保证墙体基层
　的稳固。

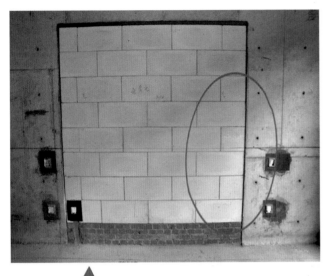

【通病现象】

新砌轻质砖墙体与原建筑墙连接处易产生开裂现象。

【问题图片】

【正确图片】

【原因分析】

1. 在前期砌筑施工过程中未设置拉结筋，导致墙体之间连接不牢固产生开裂。

2. 墙体砌筑完成后，轻质砖墙与原建筑墙体连接处未采用钢丝网进行拉结处理。

【预防及解决措施】

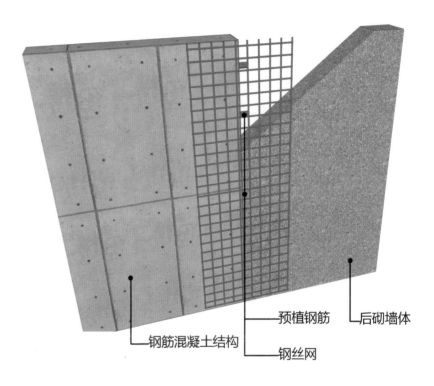

预植钢筋　后砌墙体

钢筋混凝土结构　钢丝网

【后砌墙体加固示意图】

1. 在砌筑前，按规范应在原建筑结构上植拉结钢筋，增加墙体的整体连接性。

2. 抹灰前防止两种材料的墙体变形不一致，应在不同材料的交界处加铺钢丝网或耐碱玻璃纤维网布，钢丝网或耐碱玻璃纤维网布搭接宽度应不少于100mm。

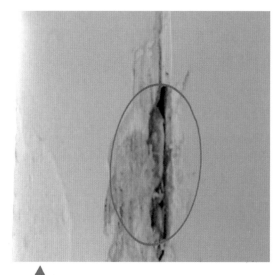

【问题图片】

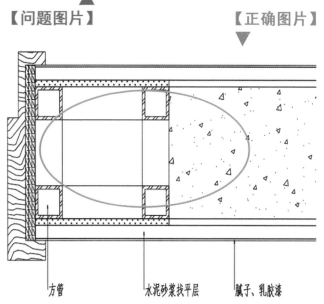

【预防及解决措施】

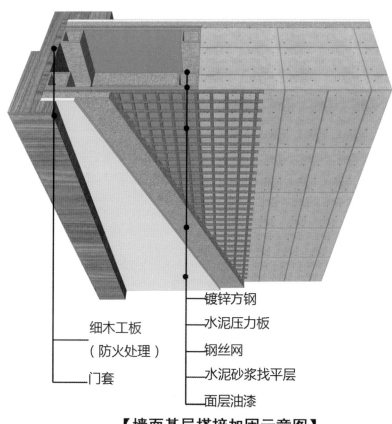

【通病现象】

门洞位置基层板与原混凝土墙面交接处出现开裂现象。

【正确图片】

【原因分析】

1.后加基层与墙面基层平接未进行加固。

2.后加基层与原混凝土墙体材质不同，伸缩程度不同导致易开裂。

3.项目部交底不到位。

方管　水泥砂浆找平层　腻子、乳胶漆

镀锌方钢

水泥压力板

钢丝网

水泥砂浆找平层

面层油漆

细木工板

（防火处理）

门套

【墙面基层搭接加固示意图】

1.在墙面基层与原混凝土墙面交接处挂钢丝网。

2.认真对工人进行交底，并加强项目监督。

【通病现象】

墙面腻子空鼓。

【问题图片】

【正确图片】

【原因分析】

1.墙面未进行基层处理（打毛、清除浮尘、油污等）。

2.腻子基层完成后，未及时进行乳胶漆施工，导致腻子风化，从而脱落。

【预防及解决措施】

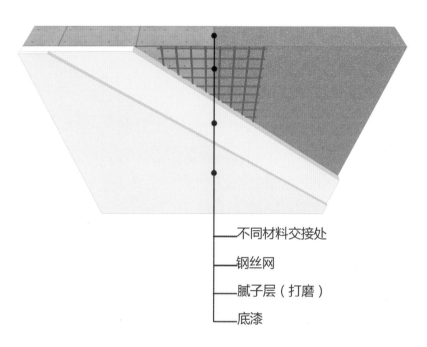

— 不同材料交接处

— 钢丝网

— 腻子层（打磨）

— 底漆

【不同材料交接处腻子施工示意图】

1.加气块或其他多孔砖墙体，在墙面铺一道玻纤布再进行粉刷施工。

2.若是剪力墙墙面基层，应对墙面进行凿毛处理，清理浮尘及油污，并滚刷一道界面剂。

3.不同材料交接处应增加一道玻纤布或钢丝网加固，且搭接宽度不小于150mm。

【问题图片】

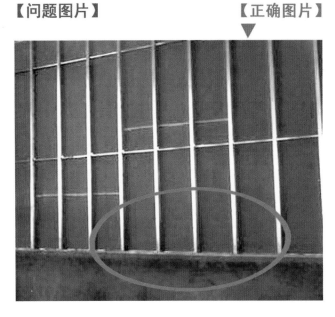

【通病现象】

石膏板隔墙底部受潮发黑、发霉。

【正确图片】

【原因分析】

1.轻钢龙骨隔墙石膏板基层因施工中被水渗透。
2.后期使用中，基层受潮发黑。
3.潮湿区域施工，石膏板直接落地。

【预防及解决措施】

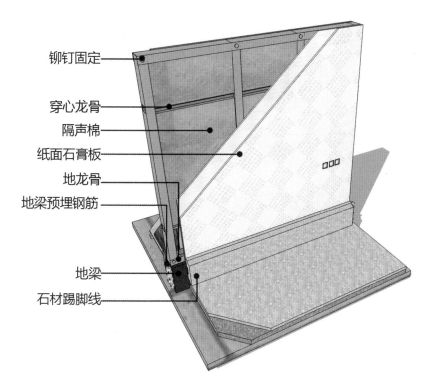

铆钉固定
穿心龙骨
隔声棉
纸面石膏板
地龙骨
地梁预埋钢筋
地梁
石材踢脚线

【卫生间隔墙施工节点示意图】

1.隔墙处于干区时，地面湿作业工序在隔墙封板之后进行，基层板应分段封，下端30cm左右采用水泥压力板或玻镁板。
2.隔墙处于涉水区域时，必须做导梁，导梁高度大于或等于200mm，且做好防水。

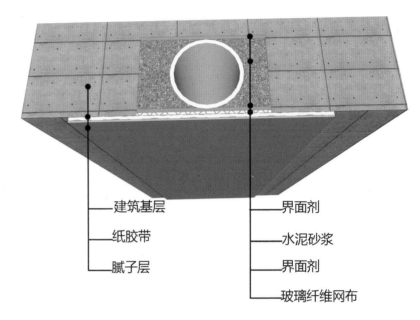

建筑基层

纸胶带

腻子层

界面剂

水泥砂浆

界面剂

玻璃纤维网布

【电管线槽部位乳胶漆施工示意图】

1. 水泥砂浆封补线槽的时候，应分层粉刷，待第一层强度达到50%以上方可粉刷面层砂浆，然后做界面剂贴玻璃纤维网布，随后贴纸胶带批腻子。
2. 线管开槽完成后必须清理线槽内垃圾，并且洒水润湿。
3. 预埋管线深度（管线外表面与原粉刷面层或原砖墙面的距离）应达到15mm以上。
4. 按规范要求对墙面做湿润养护工作。

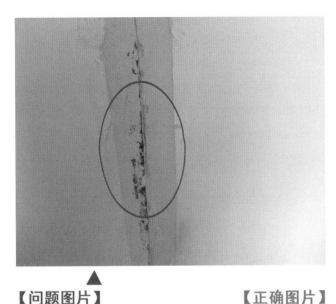

【问题图片】

【通病现象】

墙面线管、线槽部位乳胶漆易开裂。

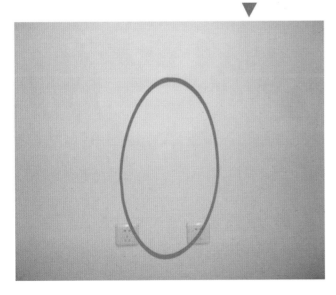

【正确图片】

【原因分析】

1. 预埋管线的深度未达到要求标准。
2. 线管开槽后未进行清理线槽，并未洒水润湿。
3. 水泥砂浆封补线槽时，未进行分层处理，并未做加强处理，导致开裂。

【问题图片】

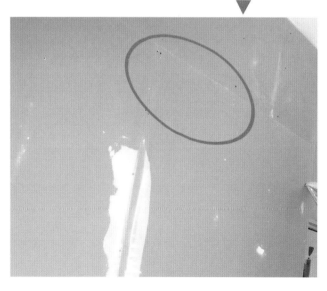

【正确图片】

【通病现象】

墙面石膏板V形缝过大，补腻子宽度过大导致开裂。

【原因分析】

1. 项目部没有对工人进行技术交底，且项目部监督不到位。

2. 工人在切割石膏板中未正确控制尺寸，封板时发现问题也未进行整改。

【预防及解决措施】

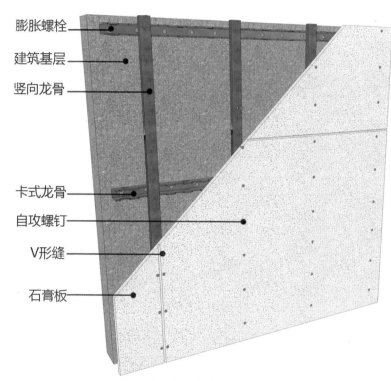

膨胀螺栓
建筑基层
竖向龙骨
卡式龙骨
自攻螺钉
V形缝
石膏板

【石膏板预留缝示意图】

1. 项目部应提前对工人进行技术交底。

2. 项目部对工人切板进行监督，保证留缝宽度在5~10mm左右。并且严格跟踪检查，发现问题及时纠偏。

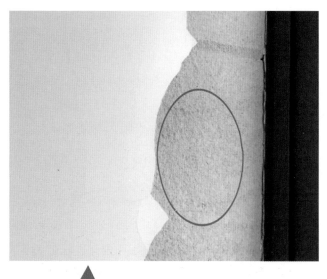

【问题图片】

【通病现象】

黏结层出现脱落现象。

【正确图片】

【原因分析】

1. 墙面基层未做凿毛处理。
2. 基层含水率较大，影响黏结层黏结强度。
3. 墙面未进行基层清理，导致基层与涂料黏结不牢。
4. 涂刷涂料过厚，导致外干里不干。
5. 黏结材料质量存在问题。

【预防及解决措施】

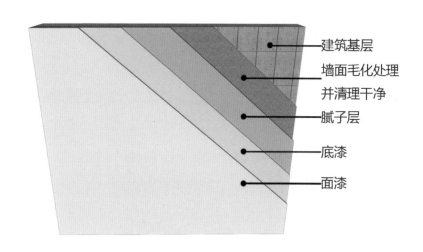

建筑基层

墙面毛化处理
并清理干净

腻子层

底漆

面漆

【墙面油漆示意图】

1. 基层表面做凿毛处理。
2. 按规范控制基层含水率，含水率不得大于8%；涂刷乳液型涂料含水率不大于10%。
3. 基层表面干净，清理基层表面浮尘、油渍、起砂等。
4. 涂料涂刷前，保证前一道工序完成的部分干燥方可施工。
5. 如涂料面层脱落是由基层强度过低而引起的，应凿除面层，在基层表面涂刷混凝土硬化剂。
6. 项目部应检查涂料自身质量，施工前应搅拌均匀，防止涂料面层出现颗粒现象。

【通病现象】

门套线安装完成后，无法紧密贴合墙面。

【正确图片】

【原因分析】

1. 门套线背面未刷保护漆及油漆，未贴木皮。

2. 门套线背面未进行开槽处理，导致门套线变形几率大。

3. 受天气的温、湿度影响，材质本身发生变化导致的材料变形。

4. 油漆工施工马虎，导致墙面不平直，引起门套与墙面贴合度不紧密。

【预防及解决措施】

【木门套大样示意图】

1. 项目部应加强材料跟踪力度，防止厂家偷工减料，确保出厂的门套线背面均贴木皮，并已做涂保护漆、油漆等处理。

2. 门套线背面做抽槽处理，凹槽的作用是卸力。

3. 材料进场时，对木制品质量进行检查，若发现不合格，需进行退换。

4. 提高油漆工施工责任意识，保证墙面油漆的平整度。

【问题图片】

【正确图片】

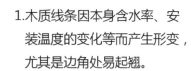

【通病现象】

木饰面框45°拼角开裂。

【原因分析】

1.木质线条因本身含水率、安装温度的变化等而产生形变，尤其是边角处易起翘。

2.木质线条拼角处整体性较差，接缝处易变形。

3.木工施工马虎，导致墙面基层变形，从而引起拼角开裂。

【预防及解决措施】

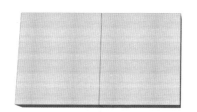

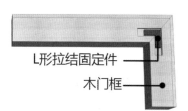

L形拉结固定件

木门框

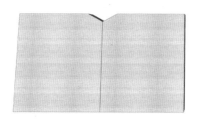

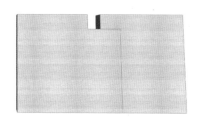

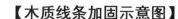

【木质线条加固示意图】

1.选择木质材料应符合当地的环境，减少因环境而引起的变形。

2.增加木质线条拼角的整体性，采用适当的方式进行加固。

3.提高木工的质量意识，减少因基层的变形而引起的木质线条拼角开裂，并加强木质线条的成品保护。

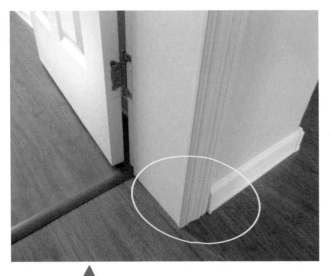

【问题图片】

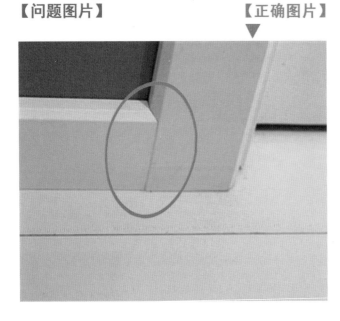

【正确图片】

【通病现象】

踢脚线与门套收口不到位，
影响观感。

【原因分析】

1.项目前期深化不到位。

2.未对工人交底清楚。

【预防及解决措施】

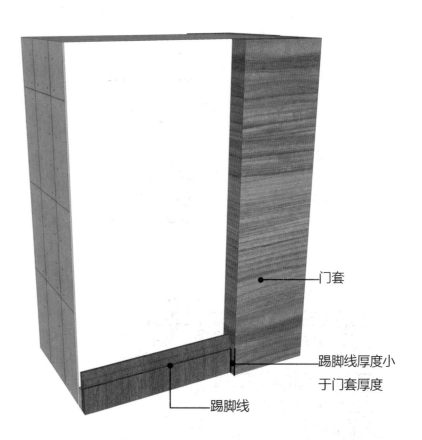

门套

踢脚线厚度小
于门套厚度

踢脚线

【门套与踢脚线关系示意图】

1.加强项目前期深化，并对工厂进行交底。

2.提前对工人进行交底，并加强监督。

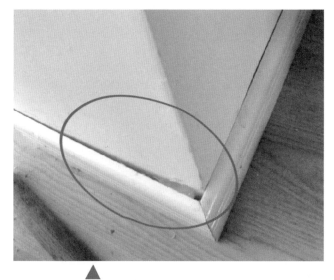

【问题图片】

【通病现象】

踢脚线未紧密贴合墙面，影响美观。

【原因分析】

1.工人施工质量意识差，放线不准确。

2.踢脚线质量差，容易变形。

3.项目前期深化不到位，墙面平整度控制不到位。

4.踢脚线安装时未用挂条，使用发泡剂固定，导致与墙面脱离。

【预防及解决措施】

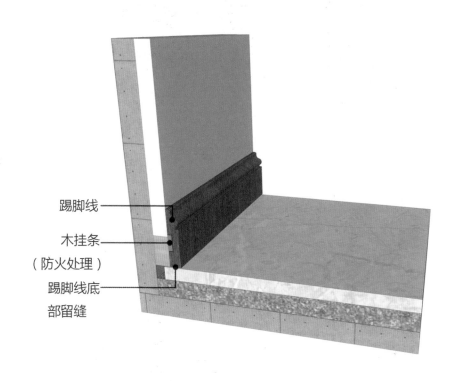

踢脚线

木挂条

（防火处理）

踢脚线底

部留缝

【墙面踢脚线安装示意图】

1.项目部对工人放线进行交底，并加强监督。

2.踢脚线与地面留有空隙，防止地面潮气引起踢脚线变形。

3.踢脚线进场前应对其进行检查，如发现不合格产品应退回。

4.项目部应加强前期把控，控制踢脚线处墙面基层的平整度。

【问题图片】

【正确图片】

【通病现象】

木饰面厚度超过石材踢脚线厚度，影响观感。

【原因分析】

1.项目部深化不到位。

2.未就木饰面与石材踢脚线收口关系对工人进行交底。

3.现场监督力度不够。

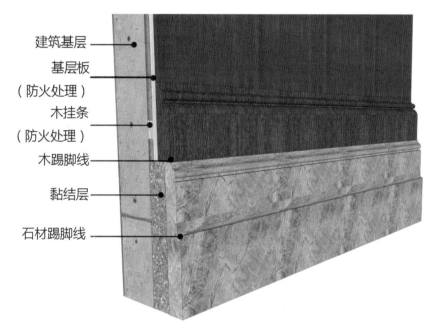

建筑基层

基层板
（防火处理）

木挂条
（防火处理）

木踢脚线

黏结层

石材踢脚线

【木饰面与石材踢脚线收口示意图】

1.前期图纸深化到位，按节点图进行尺寸放线，施工过程中对基层把控仔细，并及时对工人进行交底。

2.若先安装石材踢脚线，应控制踢脚线的标高及水平度，然后将木饰面压住踢脚线上口。

3.若先安装木饰面，应控制木饰面下口标高及水平，避免石材踢脚线与木饰面之间存在缝隙或安装不上去，影响观感。

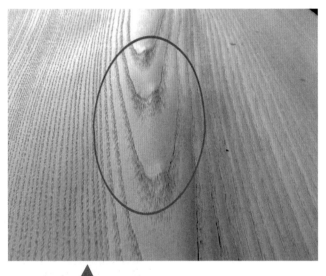

【问题图片】 【正确图片】

【预防及解决措施】

【通病现象】

采用多层板做木饰面基材，贴木皮后出现起泡现象。

【原因分析】

1.多层板基层不平整，刨切后斜边或侧边因有木茬，导致切面不平整。

2.不平整基层涂胶，由于胶水厚度不均匀，影响木皮与基层板黏结强度，因温、湿度的变化，导致木皮出现起泡问题。

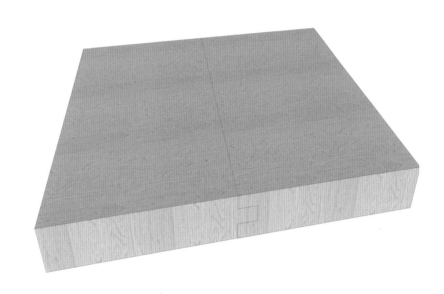

【多层板基层连接示意图】

1.斜切面部位应选用密度板，确保基层平整，控制涂胶的厚度，加强基层与木皮的黏结度。

2.通过榫接方式，增强斜切面与多层板基层的整体连接强度。

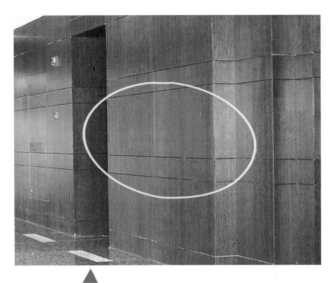

【问题图片】

【正确图片】

【通病现象】

木饰面油漆变色，起花斑。

【原因分析】

1. 木饰面区域通风条件差，且墙体内部湿度大，尤其基层板为中密度板，背板未做底漆封闭。

2. 潮湿区域墙面木饰面部位未做防潮处理，造成油漆变色。

3. 油漆质量问题，或油漆施工质量不达标。

【预防及解决措施】

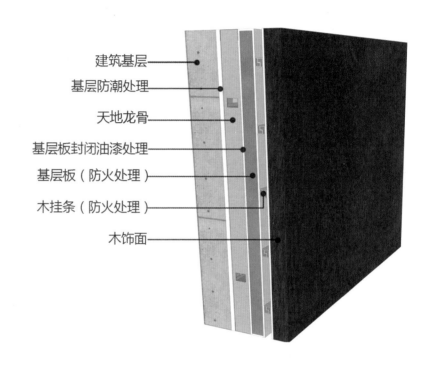

建筑基层
基层防潮处理
天地龙骨
基层板封闭油漆处理
基层板（防火处理）
木挂条（防火处理）
木饰面

【木饰面防潮处理示意图】

1. 木饰面区域保持通风，且对木饰面背部底漆进行封闭处理。

2. 潮湿区域木饰面基层板使用多层板，背板和四周都要油漆封闭，现场加工过的木饰面也要重新油漆封闭，安装时应架空做好防潮处理。

3. 控制油漆质量及工序，提高油漆施工技术。

【问题图片】

▲

▼

【正确图片】

【通病现象】

木饰面踢脚线与石材地台相交处留下黑洞，影响观感。

【原因分析】

1.前期深化不到位，未考虑踢脚线与石材地台收头问题。

2.对工人交底不到位。

【预防及解决措施】

【踢脚线与石材地台关系示意图】

1.深化设计应与设计师进行沟通，取消石材地台凹槽。

2.需抬高地台，将凹槽提高到木饰面踢脚线高度以上。

3.项目部需交底到位，保证工人施工质量。

【通病现象】

弧形木饰面包柱，上下板块接缝处不平整，存在明显高低差。

【正确图片】

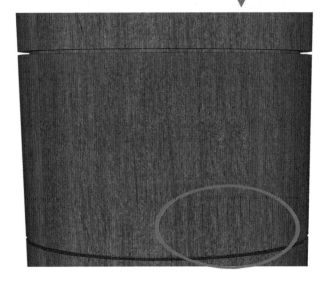

【原因分析】

1. 下单时未考虑木饰面之间拼接方式。
2. 后场跟踪力度不够，厂家加工弧形木饰面板弧度不一致。
3. 安装环境的差异、木饰面自身含水率等因素，使木饰面变形。

【预防及解决措施】

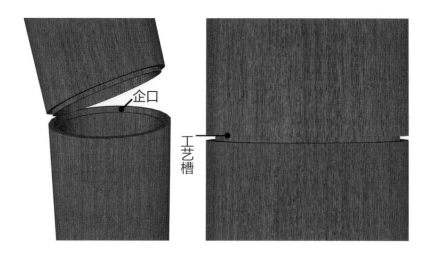

【弧面木饰面包柱接缝示意图】

1. 在厂家定制弧形饰面时，与厂家进行交底，在环缝处预留企口。
2. 木饰面接口留缝处理，注意视线高低问题。
3. 弧形木饰面入场前，对木饰面进行检查。如木饰面弧形尺寸不统一，需退回。

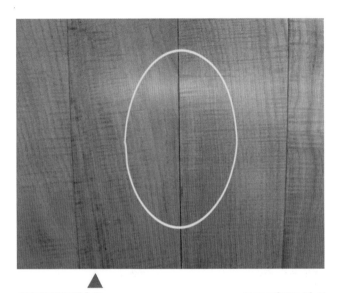

【问题图片】 ▲

【正确图片】 ▼

【通病现象】

弧形面上的条形木饰面板块安装时，板块与板块之间缝隙较大。

【原因分析】

1. 弧形木饰面未在背面做垂直倒边处理。
2. 圆弧木饰面板块深化不到位。
3. 施工过程中各个环节的把控不严格。
4. 材料进场时，未对材料进行检查、复核。

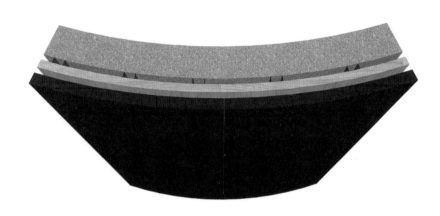

【弧面条形木饰面安装示意图】

1. 建议深化设计与设计师沟通，调整施工方案。
2. 材料入场前，对材料的质量进行检查，如发现存在变形、未倒角等问题的木饰面，应拒绝入场。
3. 木饰面厂家需派人驻场深化，根据现场尺寸计算出每块木饰面的板幅。
4. 与木饰面厂家进行交底，弧形木饰面都需进行倒角处理。

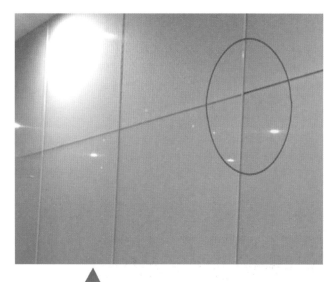

【问题图片】

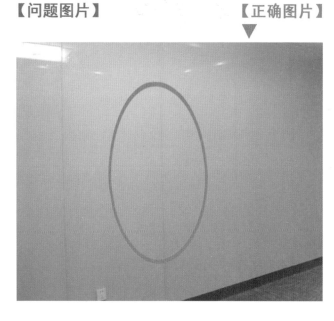

【通病现象】

墙面玻璃密拼不密实，露出基层板底色。

【正确图片】

【原因分析】

1.项目部深化不到位，未对现场进行复尺。

2.工人施工马虎。

【预防及解决措施】

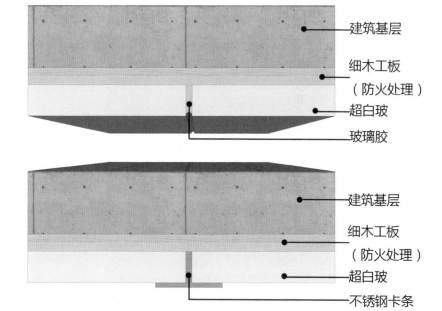

建筑基层

细木工板
（防火处理）

超白玻

玻璃胶

建筑基层

细木工板
（防火处理）

超白玻

不锈钢卡条

【玻璃密封示意图】

1.玻璃拼缝处可打胶处理。

2.根据玻璃尺寸，将玻璃接缝处的基层刷白。

3.现场深化设计与设计师进行沟通，调整施工方案，将玻璃之间加不锈钢卡条。

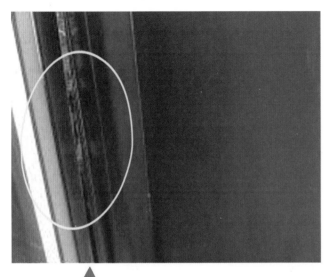

【问题图片】

【正确图片】

【通病现象】

木饰面内嵌不锈钢条脱落。

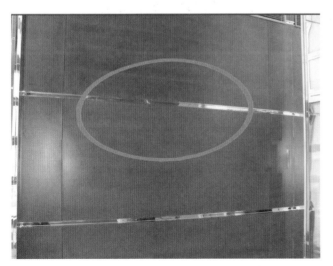

【原因分析】

1.不锈钢黏结不牢固。

2.不锈钢安装时没有留伸缩
  缝，受压缩后不锈钢易变
  形弯曲。

3.木饰面与不锈钢变形系数
  不一致，导致玻璃胶脱落。

【预防及解决措施】

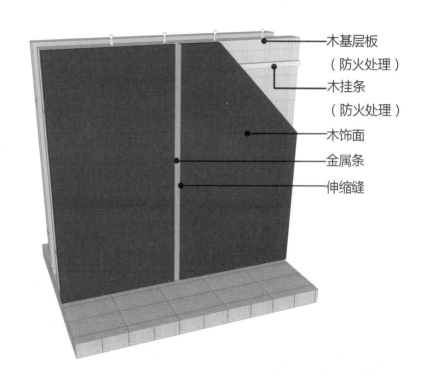

木基层板
（防火处理）
木挂条
（防火处理）
木饰面
金属条
伸缩缝

【木饰面与金属条安装示意图】

1.不锈钢条与木饰面在加工厂进行统一安装，保证整体性。

2.木饰面四周做好防潮封闭处理，减少木饰面的变形。

3.木饰面施工时，采用平接方式，给予不锈钢条足够的伸
  缩空间。

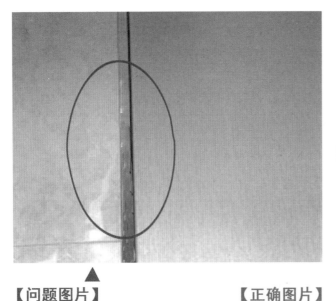

【问题图片】　　　　　　　　【正确图片】

【通病现象】

墙面石材与硬包相接处不锈钢条凸出或凹进两侧饰面。

【原因分析】

1. 饰面高度比较高时，施工很难精确控制三个饰面在同一平面上。
2. 硬包基层含水率大，容易变形。
3. 项目部前期深化不到位。

【预防及解决措施】

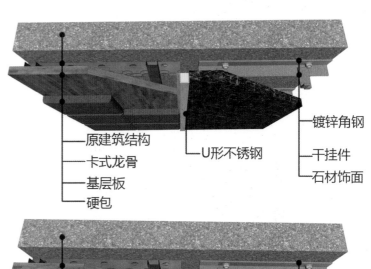

原建筑结构
卡式龙骨
基层板
硬包
U形不锈钢
镀锌角钢
干挂件
石材饰面

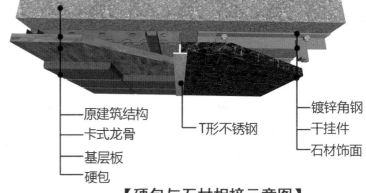

原建筑结构
卡式龙骨
基层板
硬包
T形不锈钢
镀锌角钢
干挂件
石材饰面

【硬包与石材相接示意图】

1. 墙面不同饰面相接处建议采用U形不锈钢条，凸出两侧饰面完成面3~5mm。
2. 采用T形嵌条遮盖硬包、石材、嵌条的工艺缝，弱化饰面交界处的不平整现象。

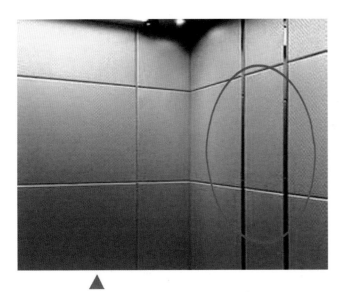

【问题图片】

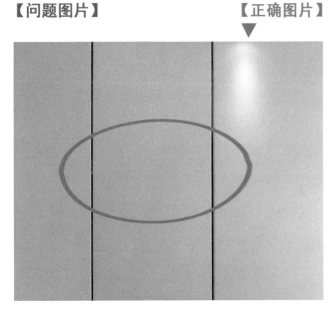

【通病现象】

不锈钢嵌条与硬包面层存在高低差，影响美观。

【原因分析】

1.工人施工马虎，使硬包基层完成后不平整。

2.嵌条或硬包饰面没有固定到位，导致局部起翘。

【预防及解决措施】

不锈钢框低于硬包完成面5mm

不锈钢框高于硬包完成面5mm

【不锈钢框与硬包关系示意图】

1.项目部加强监督力度，确保基层的平整度，使嵌条与硬包在同一饰面上。

2.不锈钢嵌条高于或低于硬包完成面5mm，加强硬包完成后的效果。

3.不锈钢嵌条与硬包应固定牢固，防止局部起翘。

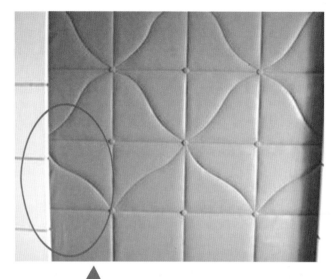

【问题图片】 ▲

【正确图片】 ▼

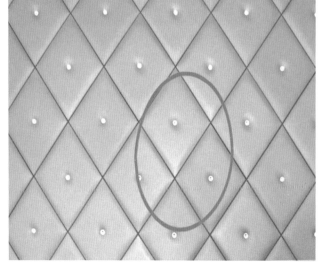

【通病现象】

软包面层起褶。

【原因分析】

1. 软包直接接触到阳光，造成冷热交替，导致软包变形。

2. 房间内温、湿度变化过大。

3. 工人施工马虎，软包皮未固定牢固，未绷紧。

【预防及解决措施】

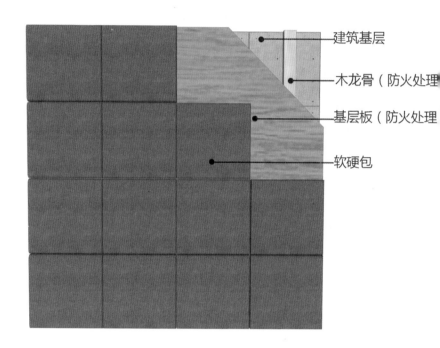

建筑基层

木龙骨（防火处理）

基层板（防火处理

软硬包

【软硬包安装示意图】

1. 提前对工人进行技术交底。

2. 硬包施工可使用喷枪进行粘贴，保证各部位胶的均匀程度。

3. 避免软包直接接触阳光，造成局部受热，并保持室内通风。

4. 安装软包面料时应绷紧并固定牢固，安装海绵时应刷白乳胶。

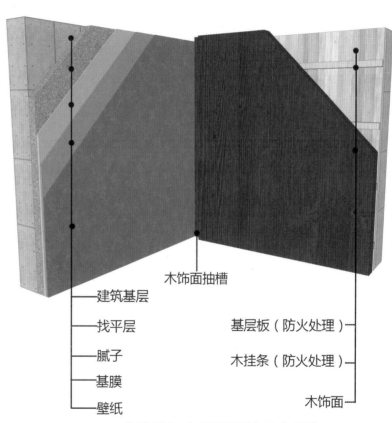

【预防及解决措施】

【通病现象】

木饰面与壁纸收口错误，
易开裂。

【问题图片】 ▲

【正确图片】 ▼

墙纸

留置工艺槽
（10mm×10mm）

木饰面或石材

木饰面与墙纸阴角相接收口示意图

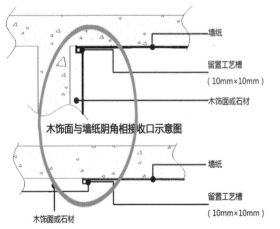

墙纸

留置工艺槽
（10mm×10mm）

木饰面或石材

木饰面与墙纸平面相接收口示意图

木饰面抽槽

建筑基层

找平层

腻子

基膜

壁纸

基层板（防火处理）

木挂条（防火处理）

木饰面

【壁纸与木饰面相接示意图】

【原因分析】

1.前期墙面平整度不达标。

2.前期深化不到位。

3.未对工人进行技术交底。

1.铺贴壁纸之前控制好墙面的平整度，误差不大于3mm。

2.建议先贴墙纸，后安装木饰面。

3.建议木饰面与墙纸收口处预留企口。

4.木饰面安装与墙纸铺贴过程中做好成品保护。

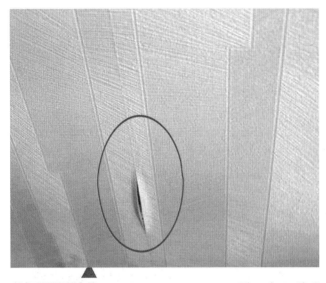

【问题图片】

【正确图片】

【通病现象】

施工不当，导致墙纸起鼓，影响观感。

【原因分析】

1.由于基层被封闭，基层水分无法排除，导致壁纸被水汽拱起成泡。

2.铺贴壁纸前，墙面基层未清理干净，导致壁纸粘贴不牢固。

3.工人经验不足，在铺贴过程中致使壁纸褶皱，从而引起起泡。

【预防及解决措施】

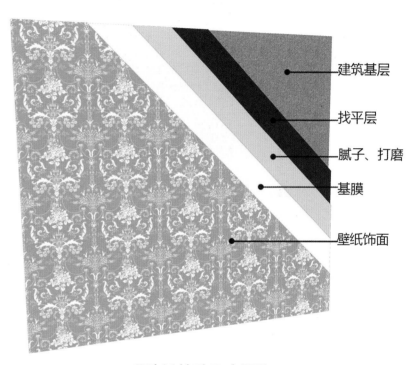

建筑基层

找平层

腻子、打磨

基膜

壁纸饰面

【壁纸粘贴示意图】

1.在粘贴壁纸前，确保墙面的平整度及含水率符合要求。

2.将墙面基层清理干净。

3.保证施工质量，使用专用的工具滚胶，并确保壁纸胶的质量。

4.使用专用的基膜进行封闭处理，预防基层吸水、腻子粉化。

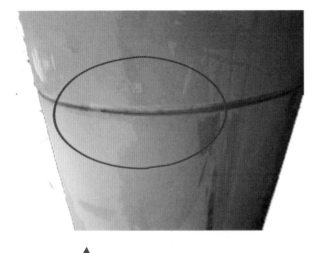

【通病现象】

石材工艺缝处，视线可见黑缝。

【问题图片】 ▲

【正确图片】 ▼

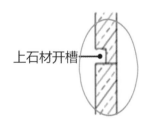

上石材开槽

节点一

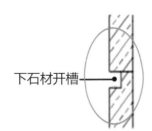

下石材开槽

节点二

【原因分析】

1. 图纸深化不到位，项目部对班组技术交底不清楚。
2. 工人操作忽视细节，工艺缝拼接颠倒。

【预防及解决措施】

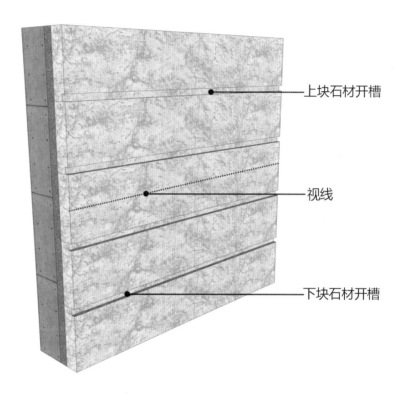

上块石材开槽

视线

下块石材开槽

【视线上、下石材开槽示意图】

1. 石材与石材相接处的黑缝可采用同色石材AB胶水修补，并打磨处理。
2. 深化设计时应考虑拼缝与视线之间的关系，在视线上方的工艺缝采用"节点1"，视线下方的工艺缝采用"节点2"。

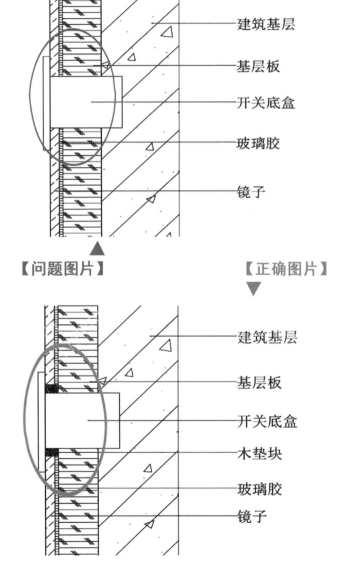

建筑基层

基层板

开关底盒

玻璃胶

镜子

▲
【问题图片】

【通病现象】

镜子上安装开关面板，导致镜子爆裂。

建筑基层

基层板

开关底盒

木垫块

玻璃胶

镜子

【正确图片】
▼

【原因分析】

1.工人施工马虎，在前期施工过程中，镜子基层平整度差，并且在安装面板过程中螺钉安装过紧。

2.工人在开孔过程中暴力施工，导致镜子开裂。

3.成品保护不到位。

【预防及解决措施】

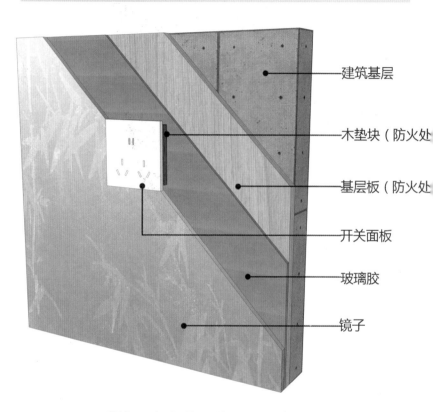

建筑基层

木垫块（防火处

基层板（防火处

开关面板

玻璃胶

镜子

【镜子上安装开关面板示意图】

1.提高工人施工质量，确保玻璃基层平整度。

2.开关面板在安装固定时，螺钉不能安装过紧。

3.与设计沟通，调整面板位置，如无法调整位置，需在面板下垫木块（木块贴紧玻璃，防止露出木块）。

4.加强成品保护意识，防止后期其他工种破坏饰面。

【问题图片】

【正确图片】

【通病现象】

车边镜（银镜）密拼，后期周边会出现自裂及破损现象。

【原因分析】

1. 使用酸性玻璃胶进行黏结，导致面层变形。
2. 车边镜安装时未留伸缩缝。
3. 未选用已断筋处理的多层板作为车边镜基层。

【预防及解决措施】

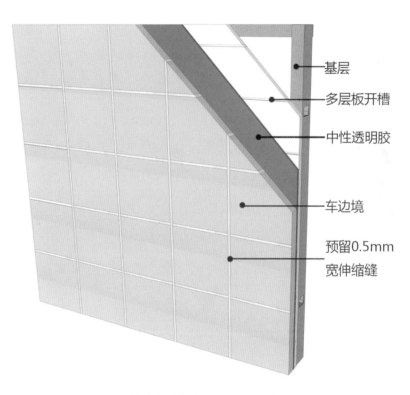

基层

多层板开槽

中性透明胶

车边境

预留0.5mm
宽伸缩缝

【车边镜安装示意图】

1. 避免采用酸性玻璃胶进行粘贴，应使用中性玻璃胶。
2. 车边镜安装时需留伸缩缝（0.5mm），防止车边镜收缩，导致车边镜破损。
3. 如果车边镜的基层板是多层板，那么多层板面需进行开槽，但是应尽量避免基层使用多层板。

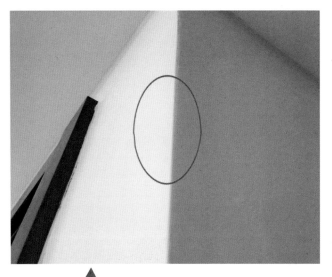

【通病现象】

墙面阳角乳胶漆施工不顺直，影响观感。

【问题图片】

【正确图片】

【原因分析】

1. 施工前未对基层墙面阳角进行垂直度测量，导致后期乳胶漆施工不顺直。
2. 油漆工能力不足，批刮时误差严重。
3. 未使用阳角条，造成阳角不挺。

【阳角条】

1. 在施工前，应对墙面的阴阳角进行初步检测，发现问题大的地方，及时进行修补。
2. 使用靠尺、直角尺等专业检测工具对墙面的阳角进行复查，并及时处理问题。
3. 提高油漆班组质量控制意识，阴阳角处油漆施工应使用阳角条，否则阳角圆角将影响观感。

【问题图片】

【通病现象】

窗台板外沿与墙面阴角收口不美观。

【原因分析】

1.前期策划不到位，深化时未标明该位置如何处理。

2.项目部未与石材单位进行交流，石材窗台板制作安装不符合收口要求。

【预防及解决措施】

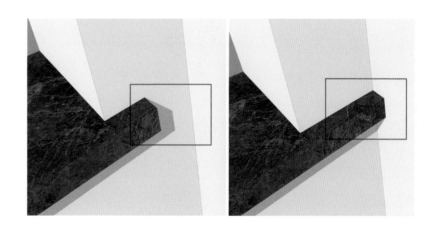

【正确图片】

【窗台板外沿与墙面阴角关系】

1.加强前期深化策划，并及时对施工工人进行项目交底。

2.与石材厂进行交流，通知石材厂窗台板与阴角收口关系，进行成品安装：

　a.窗台板外沿与阴角相撞。

　b.窗台板外沿与阴角距离进行定尺控制。

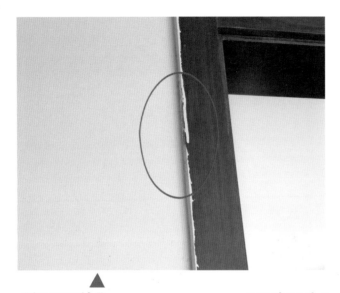

【问题图片】

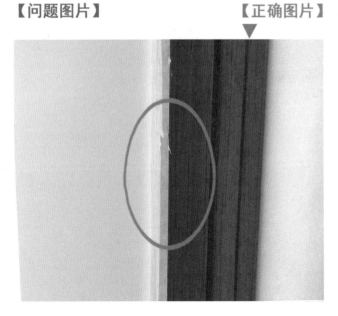

【通病现象】

油漆施工时，门套未进行保护，造成二次污染。

【原因分析】

1. 项目监督不到位，没有成品保护意识。
2. 班组无成品意识。美纹纸、护角条等成品保护工具使用不到位，导致门套遭二次污染，浪费人工。

【正确图片】

【预防及解决措施】

【门套保护】

【美纹纸】

1. 提高项目管理人员、工人的成品保护意识，并在过程中加强监督。
2. 项目部应提前准备并要求班组使用成品保护工具并适时进行检查监督。

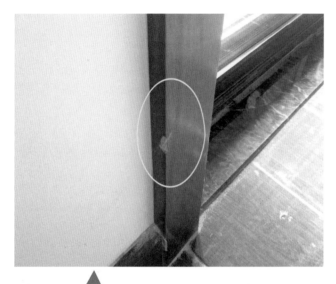

【问题图片】

【正确图片】

【通病现象】

门套施工完成后，未对门套进行保护，导致门套被破坏。

【原因分析】

1. 门套运输中未对门套进行保护，导致门套磕碰从而被破坏。
2. 门套安装完成后，未进行成品保护，被其他班组破坏。
3. 工序交接不到位，野蛮施工。

【预防及解决措施】

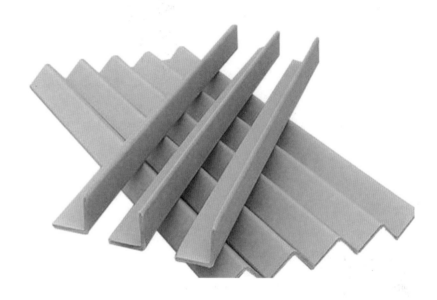

【门套保护条】

1. 与木饰面厂进行沟通，确保门套运输过程中无损坏。
2. 购买专用的门套保护条，当门套安装完成后应及时进行保护，防止门套被破坏。
3. 建立科学合理的工序交接步骤，追究责任，加强班组的成品保护意识。

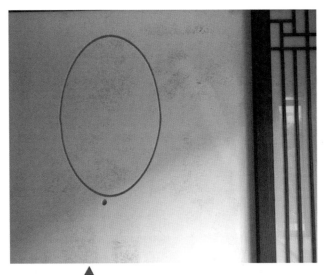

【问题图片】

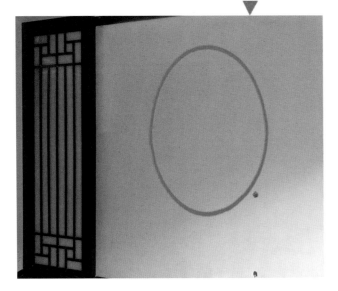
【正确图片】

【通病现象】

墙面乳胶漆发霉。

【原因分析】

1. 墙面乳胶漆施工，前一道工序施工未干透，就进行下一道工序。

2. 墙面基层潮湿，底部未涂刷防潮剂及界面剂，导致返潮。

3. 外墙面防水处理不到位，出现返潮现象。

【预防及解决措施】

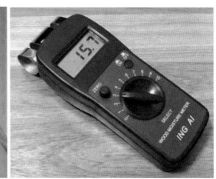

【墙面含水率测量图】

1. 基层腻子干透前，禁止进行乳胶漆涂刷等下道工序，必要时需对墙面含水率进行检测。

2. 墙面需保持干燥，局部位置应该刷防潮剂及界面剂。

3. 已经发霉的部位需铲除，保证墙面干透后再进行施工。

【通病现象】

墙面彩色乳胶漆颜色不统一，色块较多。

【问题图片】▲

【正确图片】▼

【原因分析】

1.基层处理不到位。

2.乳胶漆覆盖力与色浆之间相容性差，乳胶漆质量过差。

3.墙面施工找补过程中，厚度的不同及使用的乳胶漆批次不同。

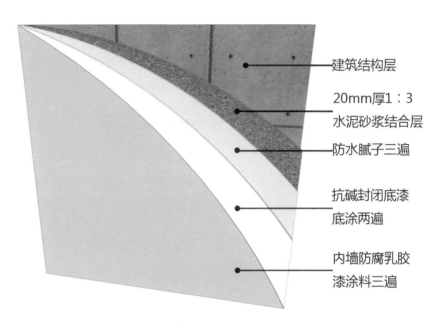

建筑结构层

20mm厚1：3水泥砂浆结合层

防水腻子三遍

抗碱封闭底漆底涂两遍

内墙防腐乳胶漆涂料三遍

【墙面乳胶漆粉刷节点图】

1.使用合格的乳胶漆，选择正规的生产厂家，如需搅拌使用，应充分搅拌混合方可施工。

2.墙面找补施工过程中，同一批次乳胶漆采用同种施工方式进行施工。

3.对墙面基层进行批刮防水腻子，并刷抗碱封闭底漆封闭基层。

【问题图片】

【正确图片】

【通病现象】

墙面返潮，壁纸发霉，出现花斑。

【原因分析】

1. 墙面腻子层太厚，贴壁纸前腻子层未干透，导致壁纸返潮。
2. 墙面基层潮湿，底部未涂刷防潮剂及界面剂，导致返潮。
3. 地面潮湿，壁纸吸潮出现花斑。
4. 室内湿度较大，门窗未关。

【预防及解决措施】

【墙面基层防潮处理】

1. 墙面腻子层应控制厚度，防止腻子层未干燥的时候粘贴壁纸。
2. 部分易受潮位置，墙面腻子施工前应进行防潮处理，壁纸长时间不施工，应先用清油封底。
3. 壁纸粘贴后应关好门窗，严格控制室温及湿度。
4. 墙面基层进行防潮封闭处理。

【问题图片】

【通病现象】

铺贴壁纸时，溢出的墙纸胶未及时进行清理，后期发白难处理。

【正确图片】

【原因分析】

1. 人工涂胶过厚，铺贴时往往会溢出。
2. 不同类型壁纸特性不同，对于墙纸、墙布等材料未提前把控铺贴特点。
3. 铺贴工人专业技能不到位，技术使用不当。

【预防及解决措施】

【墙面壁纸粘贴工具图】　　**【墙面壁纸擦缝图】**

1. 建议使用墙纸自动上胶机。
2. 施工前了解墙纸、墙布特性以及打胶用量，施工过程中合理上胶，铺贴时正确使用相关工具。
3. 贴完墙纸后应关闭门窗24小时以上，保证施工完成后墙纸的整体平整度。

【通病现象】

墙纸与木饰面收口位置不平整,起翘。

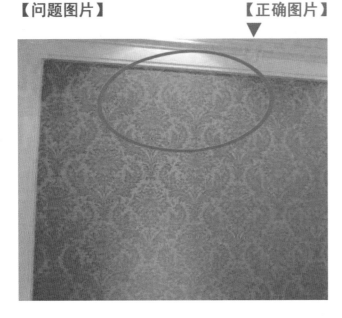

【问题图片】　　　【正确图片】

【原因分析】

1.涉及墙纸与木饰面收口的情况,应考虑两者之间的收口关系,留工艺槽或选择合理的工艺。

2.铺贴墙纸过程中空间内含水率过高,或基层返潮,导致墙纸起翘。

3.项目部未及时对工人进行交底,木饰面与壁纸的收口关系处理不当。

【预防及解决措施】

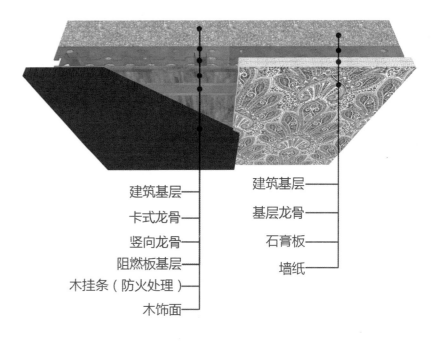

建筑基层
卡式龙骨
竖向龙骨
阻燃板基层
木挂条(防火处理)
木饰面

建筑基层
基层龙骨
石膏板
墙纸

【木饰面与壁纸收口关系图】

1.深化该位置时,注意墙纸与木饰面间不应采用直接收口方式,应考虑预留工艺槽。

2.考虑到墙纸后期起翘问题,建议先做墙纸并在做好成品保护的前提下,再安装木饰面压实墙纸。

3.铺贴墙纸时应严格控制空间内的湿度和基层含水率,必须满足铺贴要求,方可进行墙纸铺贴施工。

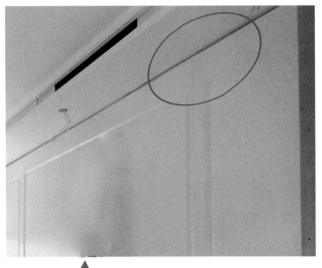

【问题图片】

【通病现象】

墙面木饰面与顶面离缝，影响观感。

【正确图片】 ▼

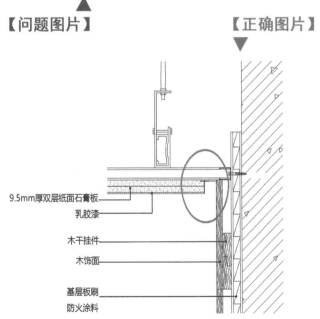

9.5mm厚双层纸面石膏板
乳胶漆
木干挂件
木饰面
基层板刷
防火涂料

【原因分析】

1. 木饰面与顶面收口关系考虑深化不到位。
2. 施工时未考虑到木饰面收缩问题。
3. 气候差异、含水率都会影响到木饰面，从而引起变形问题。

【预防及解决措施】

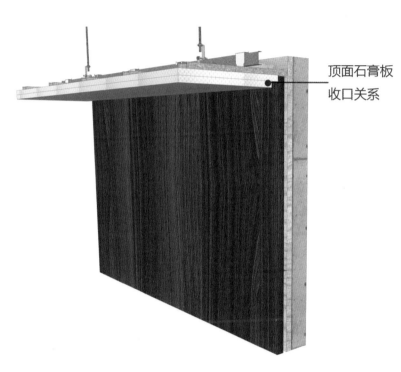

顶面石膏板收口关系

【木饰面与顶面收口示意图】

1. 前期该位置深化时应考虑到收口关系，木饰面上口预留10mm×10mm的工艺缝。
2. 天花与木饰面收口位置预留自然缝。
3. 选择变形系数相对较小的木饰面板材。

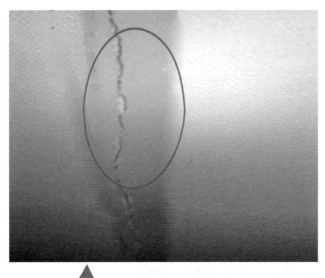

【问题图片】

【正确图片】

【通病现象】
板墙拼缝处反复开裂。

【原因分析】

1.原板墙墙面安装质量不到位，墙身质量有缺陷，拼缝处经热胀冷缩及沉降作用后开裂。

2.后期施工过程不合理，引起墙震动，从而导致开裂。

3.墙面开槽、掏孔方式不当，引起板墙震动开裂。

【预防及解决措施】

【铺贴海吉布图】

1.墙体腻子打磨完成后，采取铺贴海吉布，再批腻子，打磨，乳胶漆滚涂施工（能有效改善裂缝产生）。

2.采用附墙龙骨外附石膏板做法，避免开槽走线管。

3.墙体安装过程中，需在拼接部位挂钢丝网，搭接宽度不小于100mm，再进行抹灰处理。

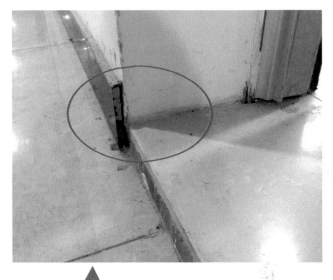

【问题图片】　【正确图片】

【通病现象】

石材地台与相邻石材踢脚线不能收口。

【原因分析】

1.深化过程中未考虑此处收口关系。

2.现场工人施工有一定的偏差。

3.出现问题后未及时进行整改或没有合理方法。

【预防及解决措施】

【石材地台与踢脚线收口示意图】

1.前期读图或图纸深化阶段应明确说明收口关系,是踢脚线控石材地台,还是踢脚线侧面做倒角。

2.施工时应放线精确。

3.对施工班组、工人进行合理交底,明确收口关系。

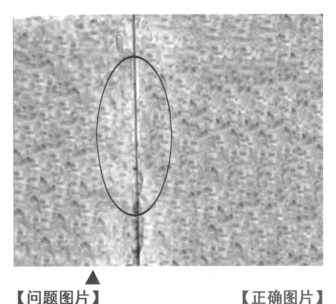

【问题图片】

【通病现象】

石材干挂墙面出现大量透胶现象。

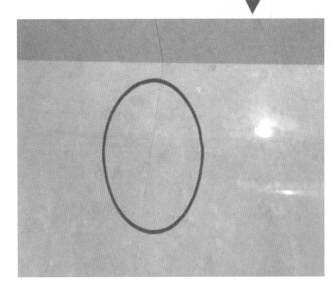

【正确图片】

【原因分析】

1. 使用劣质干挂胶或石材防护处理不到位。
2. 石材干挂点位置厚度不达标，开槽处过薄或石材本身特性不适合使用干挂。
3. 施工时，干挂胶使用过多，从缝隙处溢出。

【预防及解决措施】

【防油剂图】 **【环氧干挂胶图】**

1. 石材干挂前，应选用质地密度较大的石材，质地疏松的石材厚度不得低于20mm，同时开槽位置离石材板面不低于10mm。
2. 不得直接使用云石胶进行干挂，应使用AB胶并控制每个点位的用胶量。
3. 使用合格的石材干挂胶及干挂件，杜绝隐藏的安全问题。

【通病现象】

马赛克基层渗透表面出现污染。

【问题图片】

【正确图片】

【原因分析】

1. 待铺贴马赛克质量检查不到位,使用已污染的马赛克。

2. 铺贴过程中遭污染,背面铺贴辅材未使用白色的瓷砖胶、大理石胶粉。

3. 铺贴完成后未及时进行填缝和表面的清理工作。

【预防及解决措施】

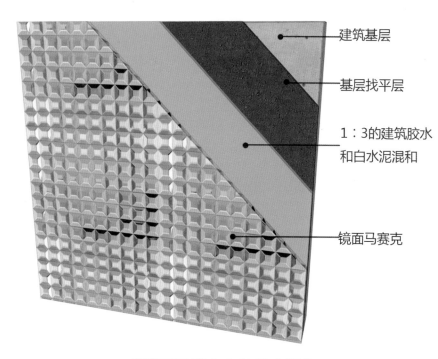

建筑基层

基层找平层

1:3的建筑胶水和白水泥混和

镜面马赛克

【镜面马赛克安装示意图】

1. 铺贴马赛克前仔细检查质量是否达标,保证铺贴现场的整洁。

2. 使用专用的大理石或瓷砖胶粉,先涂抹一遍墙面,用锯齿镘刀批刮在马赛克背面(以白色为宜)。

3. 凝固24小时即可开始填缝,不得漏空。

4. 完成填充后马上用湿海绵清理表面。

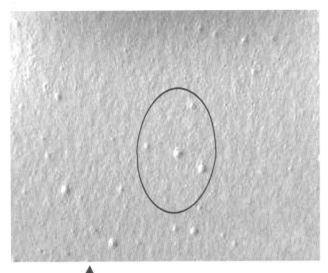

【问题图片】

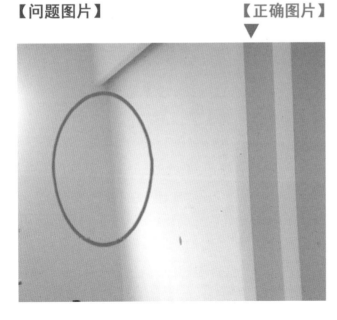

【通病现象】

墙面乳胶漆喷涂过程中，出现气泡或显现颗粒物。

【正确图片】

【原因分析】

1. 施工现场差，粉尘、污染物较多。

2. 施工前对原基层打磨不到位，表面污染未清理干净。

3. 室内温差较大，也会引起该现象。

【预防及解决措施】

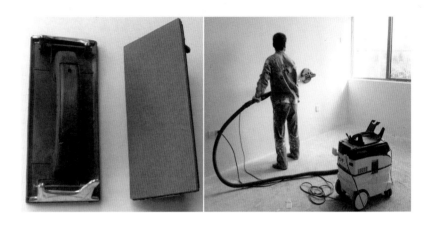

【砂纸架图】　　　　　**【打磨机图】**

1. 保持现场的整洁，防止污染物混入乳胶漆内。

2. 墙面打磨需到位，严格监控，验收合格后方可进行乳胶漆施工。

3. 乳胶漆施工过程中，控制基层表面的干燥程度，不能太干。

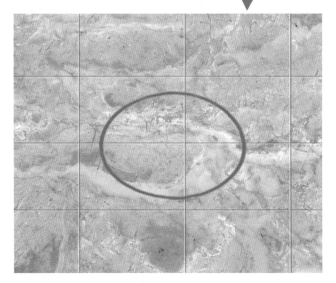

【问题图片】   【正确图片】

【通病现象】

墙面石材未进行合理对花，
后期效果影响观感。

【原因分析】

1.后场跟踪不到位，石材
厂缺乏石材排版意识。
2.前期深化设计排版未考
虑到拼花问题，未与供
应商确定。
3.现场安装交底不清楚，
工人没有按照排版图
进行施工。

【预防及解决措施】

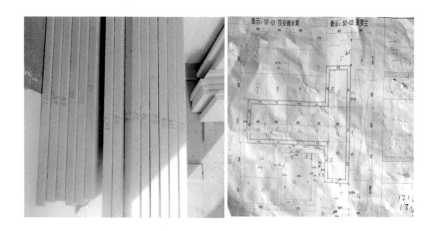

【进场石材编号图】   【石材深化排版图】

1.现场深化时注意石材的对花问题，可以在CAD中进行彩色排版，
即将后场采集的石材大板照片进行排版。
2.加强厂家的生产交底，石材板出厂前进行编号，分区域、分位置
进行进场堆放，同时加强生产、运输、安装过程中的成品保护。
3.现场安装时要严格按照相应的深化排版图施工，加强对工人的交
底，明确铺贴或干挂的顺序。

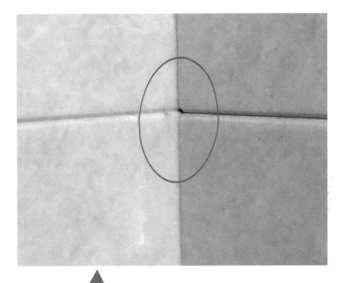

【问题图片】　　　　【正确图片】

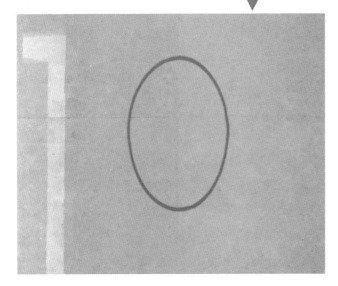

【通病现象】

现场石材铺贴完成后，爆角现象较多。

【原因分析】

1.现场施工操作不当，石材切角采用传统的切割方式，爆边爆角严重。

2.石材在运输过程中及到现场堆放过程中，未注意保护。

3.前期深化时，未考虑密拼后收口的减少。

【预防及解决措施】

【手持石材切割机】　　　　【石材运输保护图】

1.加强对现场材料的质量检查，破损石材坚决不允许进场。

2.现场施工过程中，注意施工顺序、质量，并使用专用的石材切割工具。

3.前期深化排版过程中，注意阴阳角的收口方式，采用侧边对拼，有效控制爆边的概率。

【问题图片】

【正确图片】

【通病现象】

公区走道石材踢脚线颜色不一致。

【原因分析】

1. 石材前期深化排版不准确，导致石材下单尺寸不准确。

2. 公区位置随意施工，工人图省事，在踢脚线缺少的情况下，采用其他石材踢脚线随意进行替代。

【预防及解决措施】

【厂家加工完成的踢脚线】

1. 前期石材踢脚线下单之前，应将踢脚线长度及排版复核清楚，防止石材运送至现场后无法安装。

2. 严格控制施工整体质量，禁止使用其他品种石材踢脚线。

3. 石材踢脚线完成后，做好成品保护。

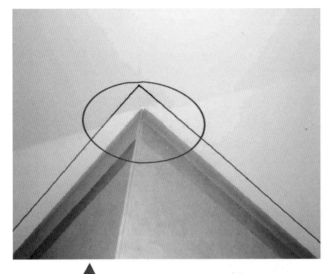

【问题图片】

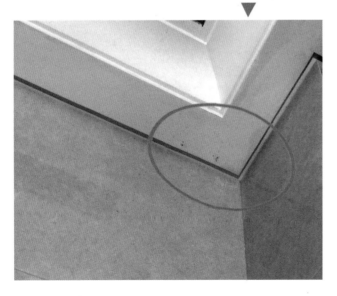

【通病现象】

石材墙面与顶面乳胶漆阴角收口不合理。

【正确图片】

【原因分析】

1.现场施工未控制好墙面标高位置，或地面出现明显高低差，未找平到位。

2.采用直接硬收口，未考虑采取其他收口办法，无法保证后期完成质量。

【预防及解决措施】

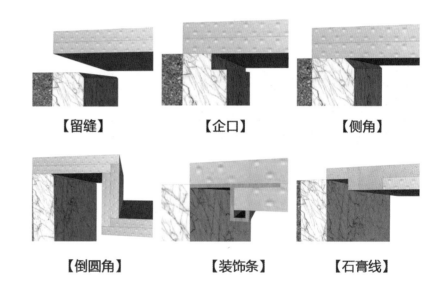

【留缝】　　　【企口】　　　【侧角】

【倒圆角】　　　【装饰条】　　　【石膏线】

【墙面石材与顶面吊顶收口关系图】

1.前期深化时应仔细考虑石材与顶面乳胶漆的收口关系，可以采取各种收口关系。

2.对施工班组进行施工工艺交底，明确地面及标高完成面线。

【问题图片】

【正确图片】

【通病现象】

石材与木饰面硬收口，不符合施工要求。

【原因分析】

1. 原基层墙面平整度不达标，存在偏差，导致安装后完成面发生偏差。
2. 石材与木饰面相接位置，未考虑收口工艺优化。

【预防及解决措施】

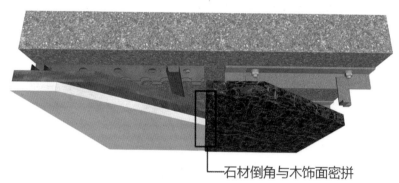

└─ 石材倒角与木饰面密拼

【石材与木饰面收口节点一】

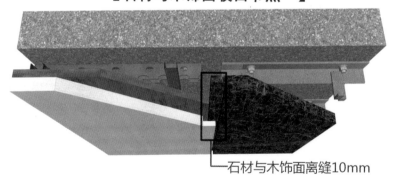

└─ 石材与木饰面离缝10mm

【石材与木饰面收口节点二】

1. 控制基层墙面平整度及面层材料，及面层材料包括木饰面及石材的平整度。
2. 深化改进收口方式，改变原来直接硬接收口的方法，通过石材侧角及木饰面离缝的安装方法，实现平接的观感优化。

【预防及解决措施】

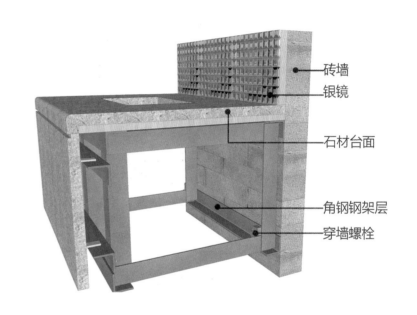

砖墙

银镜

石材台面

角钢钢架层

穿墙螺栓

【悬挑石材安装节点图】

【通病现象】

大理石台下盆钢架焊接后钢架受力不合理，出现松动，存在安全隐患。

【问题图片】

【正确图片】

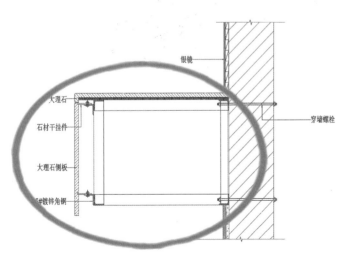

银镜

大理石

石材干挂件

穿墙螺栓

大理石侧板

5#镀锌角钢

【原因分析】

1.大理石台面钢架与墙体连接处未采取加固措施。

2.悬挑石材内部未做钢架进行固定。

3.未对工人进行专项交底，监督力度也不到位。

4.前期策划不到位，若固定基层为轻质墙体，应使用穿墙螺栓固定。

1.及时对工人进行项目交底，并加强对项目的监督力度。

2.按照标准施工工艺节点进行施工。

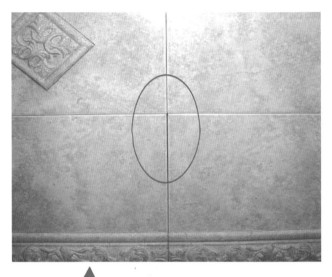

【问题图片】 ▲

【正确图片】 ▼

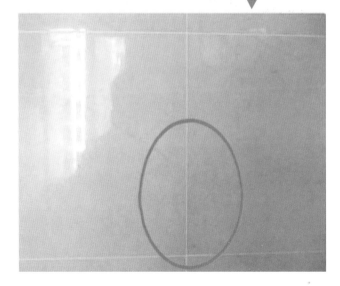

【通病现象】

墙砖十字拼缝处出现明显的高低差，影响观感。

【原因分析】

1.现场铺贴时未设置水平线，或未对原墙面基层平整度进行复核。

2.瓷砖本身质量不达标，平整度不合格。

3.工人铺贴过程中未采用十字卡件，凭感觉施工，无法确保施工质量。

【预防及解决措施】

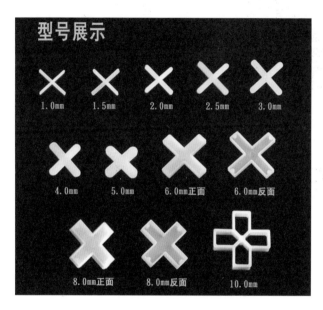

【十字卡示意图】

1.铺贴前先复核原建筑基层的平整度，及时找补落差，平整度达到要求方可施工。

2.对进场的材料进行每批抽样检查，排查材料的质量。

3.采用专用十字卡件进行铺贴，控制平整度，减少误差。

4.过程中反复检查，发现问题及时进行纠正。

【问题图片】　　　　【正确图片】

【通病现象】

卫生间钢架隔墙未做地梁，后期存在防水质量隐患。

【原因分析】

1. 现场项目管理人员未做技术交底，未规范班组施工步骤。
2. 前期不熟悉图纸，对需要做防水的区域施工顺序未提前规划。

【预防及解决措施】

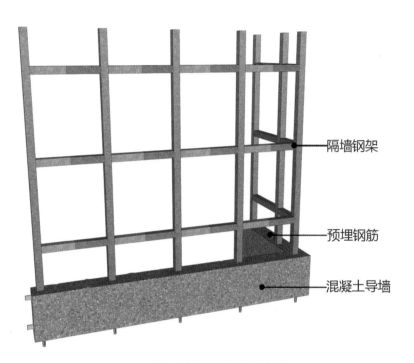

隔墙钢架

预埋钢筋

混凝土导墙

【卫生间钢架隔墙】

1. 明确要求厨房或卫生间等有明确防水要求的区域做导梁，做好班组的施工工艺交底。
2. 熟悉图纸，对有防水要求的区域进行重点标注。
3. 具有防水功能要求的混凝土导墙，建议以200mm高为宜。

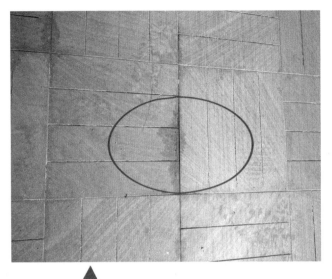

【问题图片】

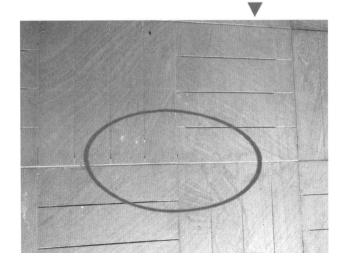

【正确图片】

【通病现象】

地砖缝隙渗水，导致地砖被污染。

【原因分析】

1. 地砖拼缝未进行补缝处理，导致基层潮气泛出。
2. 地砖施工时黏结层水分过多，导致安装过程中已经污染地砖。
3. 后期施工容易对完成面造成二次污染。

【预防及解决措施】

【地砖成品保护】

1. 地砖安装完成后进行补缝处理，补缝完成后应及时对地砖表面进行清理。
2. 加强安装质量管理，严格控制地砖黏结层水分含量。
3. 做好现场成品保护工作。

【问题图片】

【正确图片】

【通病现象】

地面铺设玻化砖出现起拱、空鼓现象。

【原因分析】

1.铺贴玻化砖未考虑预留伸缩缝。

2.批灰过程中空气被封闭在砖下形成空鼓。

3.玻化砖拆包装后，背面脱模剂未及时进行清理，黏结强度不达标。

4.玻化砖铺贴前应对其背面进行界面剂或拉毛处理。

5.使用的黏结剂质量不达标。

【预防及解决措施】

【玻化砖背面刷背胶图】

1.每10m×10m范围内应留8~10mm宽的伸缩缝，用柔性填缝剂填缝；墙柱四周应留10mm以上伸缩缝，踢脚线遮盖。

2.使用玻化砖专用黏结剂施工，黏结剂按使用说明书进行配料，搅拌黏结剂必须在2小时内使用，超过时间不可加水再次使用。

3.用电动钢丝网刷将玻化砖背面脱模剂清理干净，建议使用界面剂涂刷玻化砖背面并晾干。

4.利用湿海绵将玻化砖背面浮灰清理干净。

5.当玻化砖面积小于600mm×600mm时，留1mm宽的缝隙；当玻化砖面积大于600mm×600mm时，留1.5mm宽的缝隙。

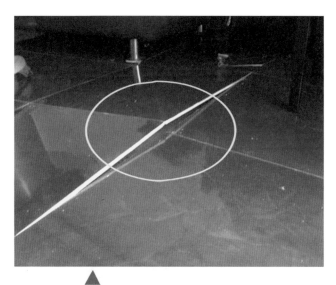

【问题图片】　　　　　　**【正确图片】**

【通病现象】

地砖出现空鼓、脱落现象。

【原因分析】

1. 未进行基层清理工作，导致黏合不牢。
2. 地砖铺贴前未用水浸泡，在铺贴过程中未进行留缝处理。
3. 结合层砂浆含水率过高，且水泥在黏合层砂浆中的占比过低。

【预防及解决措施】

【空鼓锤】　　　　　　　**【锯齿瓦刀】**

1. 地砖铺贴前应对基层进行处理，确保地面基层无浮沉、起砂等情况。
2. 由于基层干燥，在铺砂浆前先浇水湿润地面基层，并将基层地面凿毛，随即铺设结合层。
3. 铺贴地砖前，应去除砖背面的晶粉，并将地砖浸泡后自然晾干。
4. 使用专用的铺贴工具（锯齿瓦刀）铺贴，用专业的检测工具（空鼓锤）检测石材空鼓。
5. 铺贴地砖时应留缝处理，缝隙宽度为1~2mm。大面积进行铺贴时，预留伸缩缝（伸缩缝位置在楼面结构伸缩缝位置）。
6. 地砖铺贴完成后，应进行洒水养护工作。

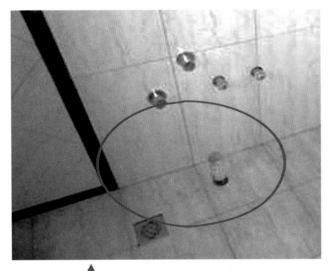

【问题图片】

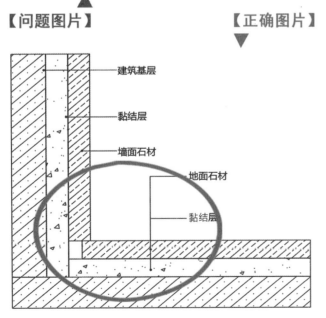

【通病现象】

地面石材与墙面石材出现朝天缝，影响观感。

【正确图片】

【原因分析】

1.项目管理人员施工经验不足或未及时对工人进行交底。

2.现场监督不到位。

【预防及解决措施】

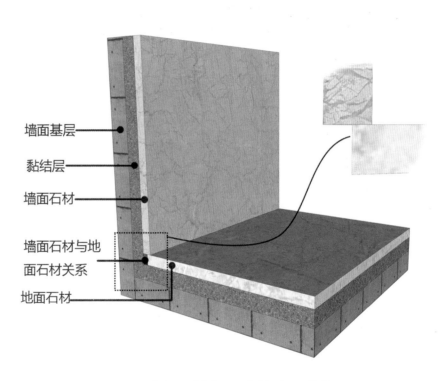

墙面基层

黏结层

墙面石材

墙面石材与地面石材关系

地面石材

【避免石材朝天缝做法工艺】

1.加强前期深化，并对现场进行精确的尺寸测量、复核，并进行深化预排版，确保墙压地的施工方式。

2.如遇墙面石材先行施工，待地面石材铺贴完毕后再进行安装墙面最下一排石材。

3.墙地石材施工按照先地面后墙面的工序进行。

【问题图片】　　　　　【正确图片】

【通病现象】

石材与石材对角不通缝。

【原因分析】

1.工人施工经验不足，导致石材在切割过程中，导致拼角拼不上。

2.现场施工放线不到位。

【预防及解决措施】

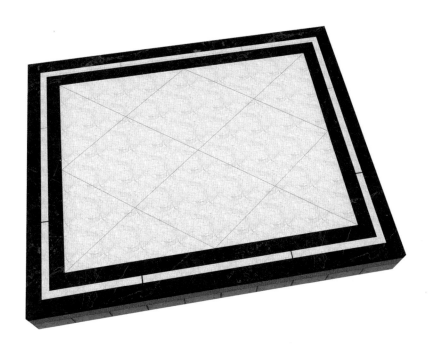

【石材拼缝示意图】

1.排版下单时，与厂家进行交流、讨论，使石材拼角在石材厂制作成整体，不在现场进行加工。

2.现场监督人员应加强对现场的监督力度，严格控制两边的石材宽度。

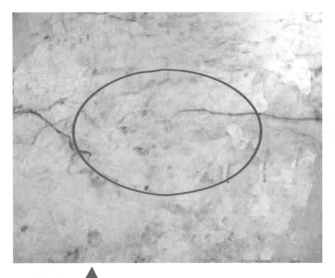

【问题图片】

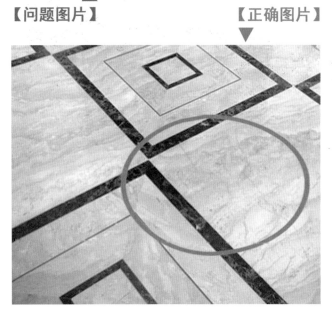

【正确图片】

【通病现象】

大理石石材地面出现开裂现象。

【原因分析】

1.大理石石材材质较疏松，存在很多暗裂缝。

2.石材没有进行有效的六面防护封闭，水进入暗裂缝产生裂缝。

3.基层砂浆填充不实，踩踏后发生断裂现象。

4.使用过程中超重荷载或受力不均匀，产生裂缝。

【预防及解决措施】

【石材防护图】

1.根据石材的质地建议尽量不使用大理石，而采用花岗石地面。

2.石材进场时，预先剔除有裂缝、掉角、翘曲现象的板材，防止出现更多裂缝。

3.进行有效的六面防护，防止水分进一步扩大裂缝。

4.基层应平整，无空鼓的现象。

5.加强养护，在铺设完毕后用围挡封闭，不许进入踩踏，一般养护5~7天，合理规划铺贴区域施工顺序。

6.尽量避免使用过程中出现超重荷载情况发生。

7.石材养护结束后，及时做好防护，如上图。

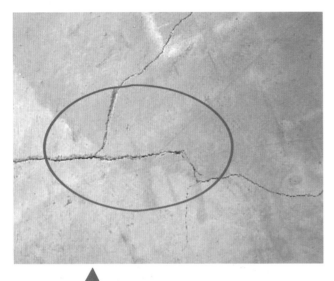

【问题图片】▲

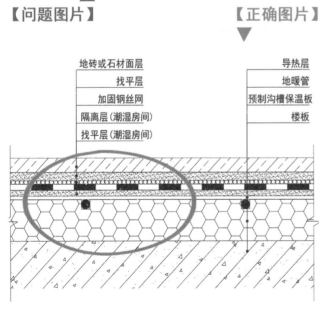

【通病现象】

地暖使用后，造成混凝土地面开裂，引起石材地面空鼓。

【正确图片】▼

【原因分析】

1. 地暖管材质与地暖垫层较软，容易变形。
2. 面层石材过薄，厚度达不到标准。
3. 基层施工不达标，导致基层开裂。
4. 地暖保护层厚度未达标。

【预防及解决措施】

石材饰面
素水泥
1：3干硬性水泥砂浆
细石混凝土填充物
地暖水管
铝板反射层
钢丝网
保温层
防水层
界面剂
建筑基层

【地暖石材敷设示意图】

1. 为防止地面基层开裂，做地暖保护层之前先铺设钢丝网，再进行保护层施工。
2. 地暖保护层建议厚度为5~6cm，并在适当的位置留伸缩缝。

81

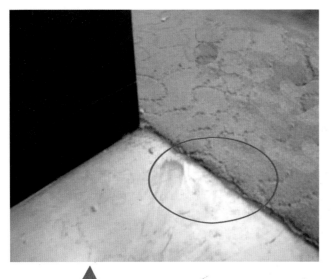

【问题图片】　　　　　【正确图片】

【通病现象】

地毯与石材相接处存在明显高低差。

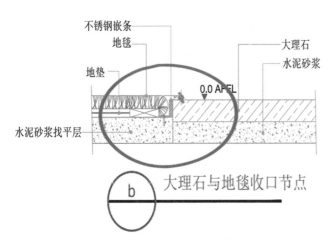

大理石与地毯收口节点

【原因分析】

1.前期基层施工前未对地毯厚度进行了解，没有考虑到石材与地毯间的收口关系。

2.不锈钢条采用I形工艺，长期走动会使朝天缝愈加明显。

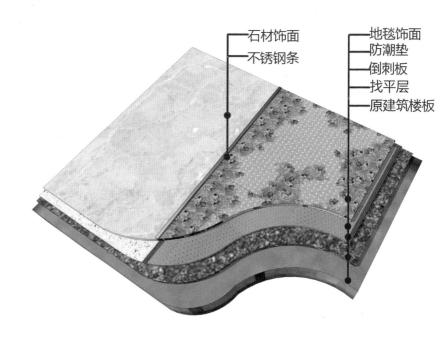

【地毯与大理石收口节点示意图】

1.前期深化必须到位，对地毯、石材厚度了解清楚，建议在施工前拿到地毯及垫层的小样，然后根据小样的厚度尺寸浇筑地面，理想状态下地毯毛高需要高于石材完成面3~4mm。

2.地毯与石材地面相接时做好找坡。

3.拼接处采用Z形不锈钢条收口，底部用膨胀螺栓固定。与石材交接处，Z形不锈钢条可盖住石材，避免朝天缝的产生。

4.使用Z形不锈钢条可以有效避免石材边缘朝天缝的产生。

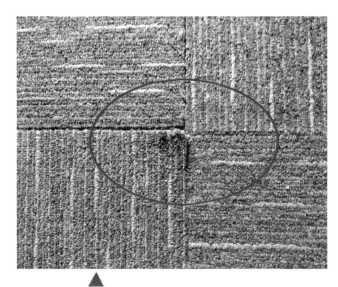

▲
【问题图片】

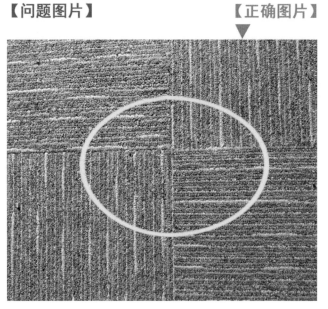

▼
【正确图片】

【通病现象】

方块地毯安装不牢，导致拼角处起翘。

【原因分析】

1.地毯地面基层未进行清扫，地面油污、浮尘影响地毯的粘贴效果。

2.铺地毯前未对基层测平整度。

3.施工时地毯没有压实。

4.地毯黏结剂质量不好。

5.地毯铺完后没有进行合理养护。

【预防及解决措施】

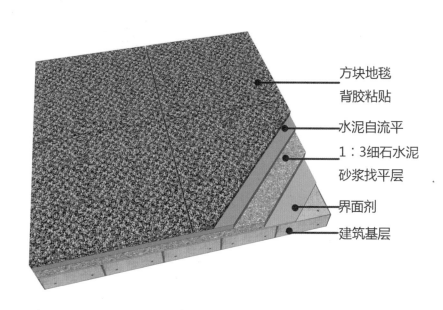

方块地毯背胶粘贴

水泥自流平

1：3细石水泥砂浆找平层

界面剂

建筑基层

【方块地毯安装示意图】

1.找平层平整度偏差大于4mm时，需要用自流平进行局部找平。

2.铺设地毯前应对地毯基层进行清理，避免出现油污、浮尘等杂物。

3.在安装过程中用扁铲按压块毯四边，确保地毯粘贴效果。

4.采用配套黏结剂涂刷，黏结剂需要一定厚度，保证方块地毯与地面牢固粘贴。

▲
【问题图片】

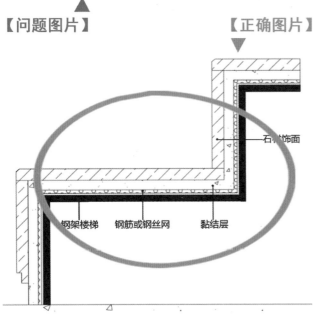

▼
【正确图片】

石材饰面

钢架楼梯　钢筋或钢丝网　黏结层

【通病现象】

钢楼梯石材踏步出现空鼓。

【原因分析】

1. 后期使用过程中钢板受力点、厚度和间距不同，产生不同的反弹力，当反弹力大于砂浆与钢板之间的黏结力，便会出现石材空鼓。

2. 钢板上铺贴石材不合理，未严格按照相应规范进行铺贴。

【预防及解决措施】

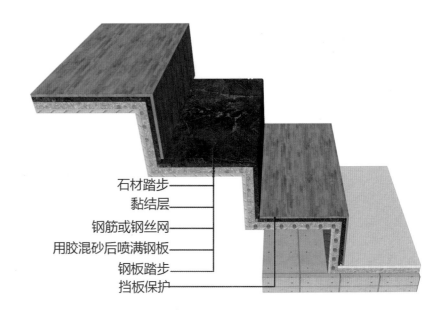

石材踏步
黏结层
钢筋或钢丝网
用胶混砂后喷满钢板
钢板踏步
挡板保护

【钢架楼梯石材安装示意图】

1. 石材铺贴前，必须用胶混砂后喷满钢板基层表面。

2. 在钢架楼梯基层上铺钢丝网或钢筋，然后满铺砂浆，增强钢架楼梯与混凝土的黏结力。

3. 石材踏步铺贴完成后及时进行成品保护。

【问题图片】

【正确图片】

【通病现象】

石材楼梯踏步悬挑处出现崩角断裂的现象。

【原因分析】

1.踏步石材厚度不达标。

2.石材踏步未采用倒角处理。

3.防滑槽开槽位于石材踏步悬挑位置，导致石材强度降低，出现断裂现象。

4.石材踏步完成后，未进行成品保护。

【预防及解决措施】

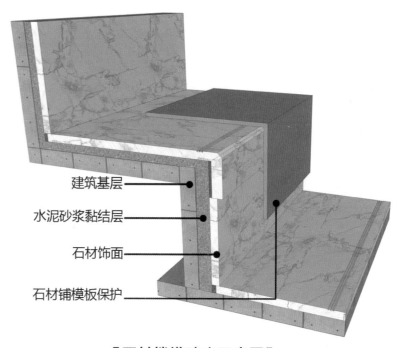

建筑基层

水泥砂浆黏结层

石材饰面

石材铺模板保护

【石材楼梯踏步示意图】

1.石材踏步边要进行45°倒角处理。

2.石材踏步悬挑宽度不超过20mm，且防滑槽距边缘30mm以上。

3.踏步石材铺贴完成后，以基层板包角，进行石材踏步保护。

【问题图片】

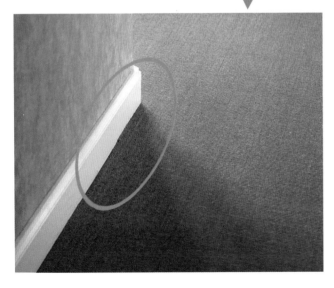

【正确图片】

【通病现象】

地毯与踢脚线收口出现缝隙，影响观感。

【原因分析】

1.地面基层未处理，地毯基层平整度差。

2.踢脚线安装不牢固或安装不平直。

3.找平层施工标高控制错误。

【预防及解决措施】

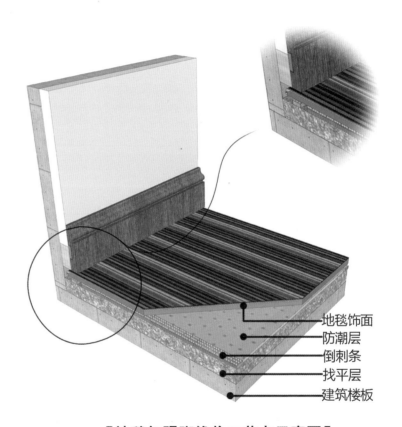

地毯饰面
防潮层
倒刺条
找平层
建筑楼板

【地毯与踢脚线收口节点示意图】

1.提前对工人进行交底，并确定地毯及胶垫的厚度。

2.铺地毯前确认地面基层的平整度。

【通病现象】

地毯起拱。

【问题图片】　　　　**【正确图片】**

【原因分析】

1. 地毯在运输过程中未进行保护，导致地毯存在褶皱现象。

2. 房间地面基层潮湿，导致地毯起拱。

3. 地毯毛刺安装不牢固，导致地毯松动。

【预防及解决措施】

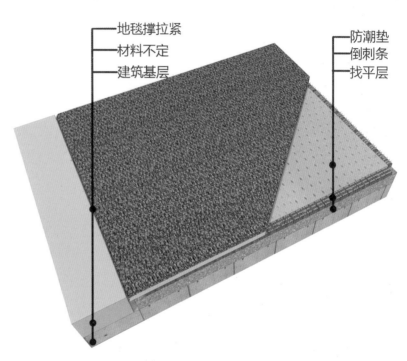

地毯撑拉紧
材料不定
建筑基层
防潮垫
倒刺条
找平层

【地毯铺贴示意图】

1. 安装地毯时使用专用地毯撑，确保地毯拉直、绷紧。

2. 在安装毛刺的过程中，确保倒毛刺的安装固定，固定间距不超过30cm。

3. 确保地面基层平整、洁净等。

4. 加强成品保护。

5. 在铺贴大面积地毯前，应摊开地毯，提供地毯自然收缩的条件。

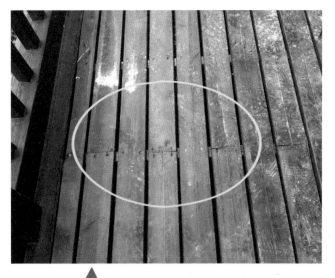

【问题图片】

【正确图片】

【通病现象】

防腐木翘曲、开裂，间隙控制不统一。

【原因分析】

1.防腐木铺装过于随意，无成品质量意识。

2.野蛮施工，强行固定防腐木，导致防腐木开裂。

3.后期未进行成品保护，导致效果打折扣。

4.木龙骨基层未涂刷成统一颜色效果，观感较差。

【预防及解决措施】

【现场堆放静置】

1.加强前期预控，并及时对工人进行交底。

2.加强对工人的监督，发现问题需及时整改。

3.防腐木安装前需静置一段时间，使防腐木适应安装环境，减少变形概率。

4.施工完成后加强成品保护意识，如覆保护膜等。

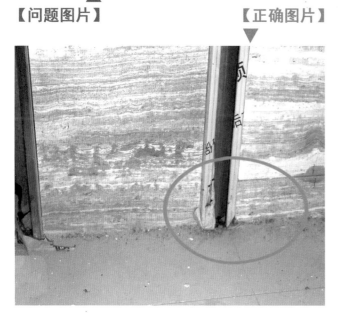

【问题图片】　　　　　　　　【正确图片】

【通病现象】

消防卷帘门轨道下口出现空洞，影响观感。

【原因分析】

1.前期深化该部位时，未考虑到轨道尺寸问题，策划不到位。

2.铺石材地面时，未考虑到石材与轨道的收口关系。

【预防及解决措施】

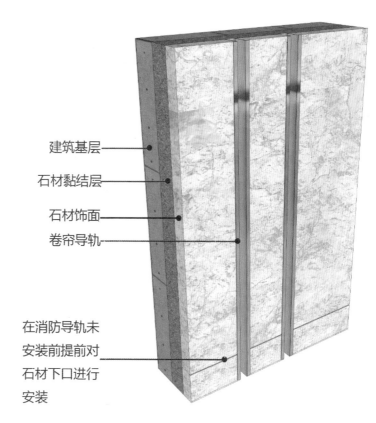

建筑基层

石材黏结层

石材饰面

卷帘导轨

在消防导轨未安装前提前对石材下口进行安装

【卷帘导轨与石材收口示意图】

1.在消防卷帘轨道安装前提前对下口石材进行施工，确保轨道下口在石材完成面上。

2.认真核对消防轨道预留尺寸，控制轨道宽度，使其两侧石材不出现朝天缝。

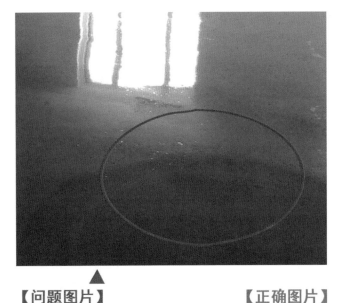

【问题图片】

【通病现象】

水泥自流平地面施工过程
中出现起砂、起泡现象。

【正确图片】

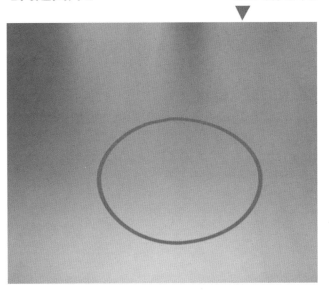

【原因分析】

1.基础底面密封不足而吸收
表面水泥自流平的水分，
容易出现针孔。

2.如果浆体粉度太高，容易
出现气泡。

3.原土建结构中含水率过高，
没做断水或底漆封闭不到位。

【预防及解决措施】

 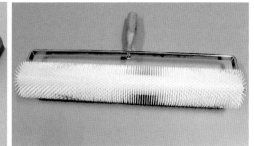

【地面自流平工具】

1.做好原基层的断水及底漆封闭到位。

2.浆料和水配比均衡，使用机器搅拌到位，搅拌好的自流平尽量
在半小时之内用完。

3.用带齿的靶子将自流平靶开，待其自然流平后，用带齿的滚子
在上面滚动，放出气泡中的气体。

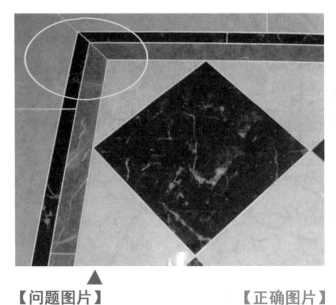

【问题图片】

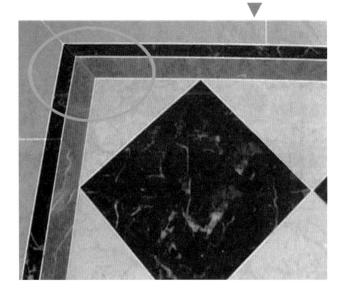

【正确图片】

【通病现象】

不同颜色石材使用同种填缝剂，接缝不美观。

【原因分析】

1.未考虑到后期完成效果。

2.施工交底不到位。

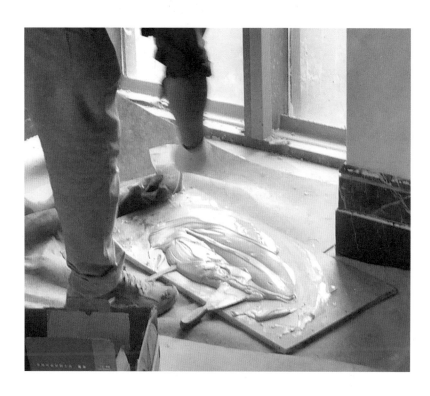

【现场调制填缝剂示意图】

1.在填缝胶施工前，应使用专用工具对石材进行清理，用吸尘器吸掉，让石材填缝胶达到应有的质量效果。

2.加强对施工班组的技术交底，加强对后期施工效果的把控。

3.石材填缝胶注意调色，建议将研磨后的石材粉加入石材胶调和使用。

【问题图片】

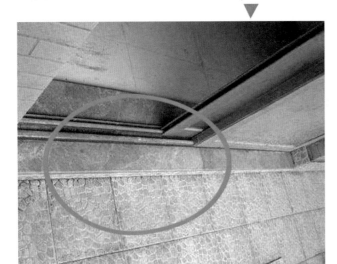

【通病现象】

阳台未装门槛石，导致阴角出现渗水现象。

【正确图片】

【原因分析】

1.前期深化不到位，项目部对门槛处防水意识不足。
2.项目部未对工人进行交底，未提出规范要求，或工人未按照交底内容进行施工。

【预防及解决措施】

【阳台门槛石】

1.项目部需提高阳台防水管控意识，结合实际情况提前策划，并做好质量把控。
2.阳台门槛位置的防水施工处理至关重要，施工过程中必须重点把控，避免后期的返修问题。

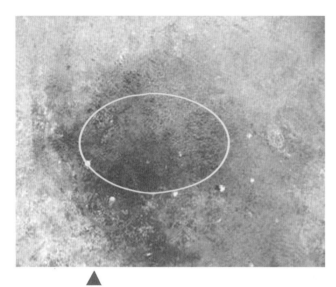

【问题图片】

【通病现象】

地面找平后出现跑砂等现象。

【正确图片】

【原因分析】

1.施工班组综合能力较差。

2.项目部交底不明确。

3.找平砂浆中黄砂与水泥比例不对。

4.后期养护不当。

【预防及解决措施】

1：3水泥砂浆找平层，表面抹光

掺801胶素水泥浆

原建筑基层

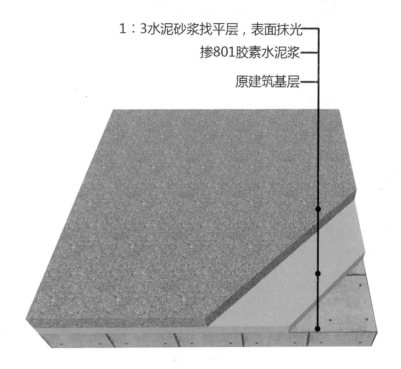

【地面找平示意图】

1.在施工过程中，项目部应安排专人进行监督，防止工人施工错误。

2.项目部应提前对工人进行明确交底。

3.找平施工完毕后，应进行成品保护，安排专人进行定期洒水养护。

4.水泥砂浆中采用中粗砂，并且水泥砂浆比例不小于1：3，其中含泥量不大于3%。

【问题图片】

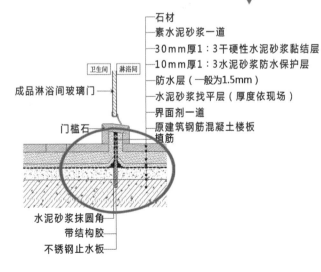

【正确图片】

石材
素水泥砂浆一道
30mm厚1：3干硬性水泥砂浆黏结层
10mm厚1：3水泥砂浆防水保护层
防水层（一般为1.5mm）
水泥砂浆找平层（厚度依现场）
界面剂一道
原建筑钢筋混凝土楼板
植筋
卫生间　淋浴间
成品淋浴间玻璃门
门槛石
水泥砂浆抹圆角
带结构胶
不锈钢止水板

【通病现象】

水泥砂浆止水坎安装完成后保护不当，被人为破坏。

【原因分析】

1.墙面与止水坎之间未做连接加强处理。

2.水泥砂浆止水坎内部无预埋钢筋。

3.水泥砂浆门槛石与地面黏结力不够。

【预防及解决措施】

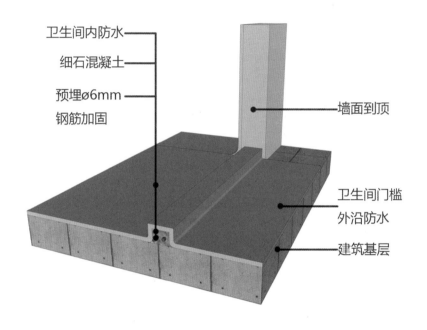

卫生间内防水
细石混凝土
预埋ø6mm
钢筋加固
墙面到顶
卫生间门槛外沿防水
建筑基层

【止水坎节点示意图】

1.墙面与止水坎做加固处理，止水坎应伸入墙体20mm。

2.门槛石需采用湿铺法，并预植两根ø6mm号圆钢做加固处理。

3.门槛石安装前需对基层进行凿毛、刷界面剂处理，并浇筑C20细石混凝土止水坎。

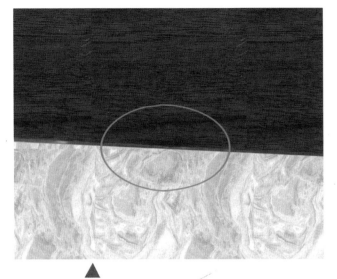

【问题图片】 ▲

【正确图片】 ▽

【通病现象】

地板与石材交接处，由于地板安装不当，被踩下去。

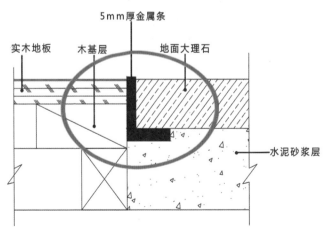

5mm厚金属条

实木地板　木基层　地面大理石

水泥砂浆层

【原因分析】

1.石材与地板交接处，地板木龙骨没有铺设到位。

2.石材铺贴厚度过厚，未进行控制，超过地板完成面。

【预防及解决措施】

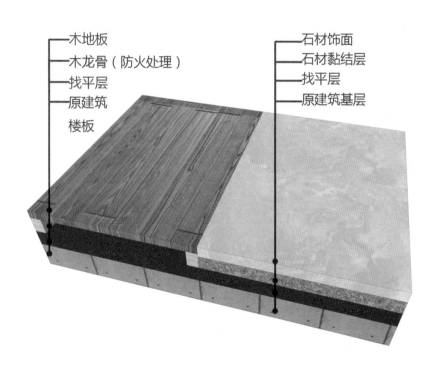

木地板
木龙骨（防火处理）
找平层
原建筑楼板

石材饰面
石材黏结层
找平层
原建筑基层

【地板与石材相交示意图】

1.石材与地板相交处，地板需用木龙骨进行加固。

2.铺贴地板前确认原地面平整度，以及是否已经进行清理。

3.确定木地板、石材的厚度，以便确认石材铺贴厚度。

【问题图片】

【正确图片】

【通病现象】

实木地板出现起拱现象。

【原因分析】

1.地面基层潮湿。

2.地板与墙面之间未留
  伸缩缝或留得过小。

3.成品保护不到位，地
  板泡水。

【预防及解决措施】

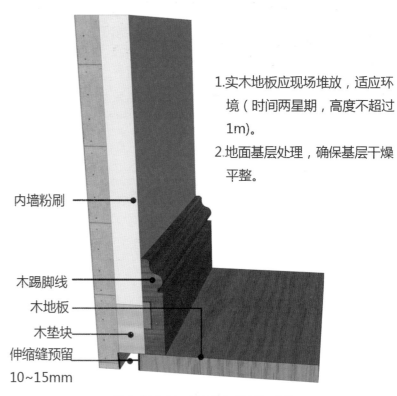

内墙粉刷

木踢脚线

木地板

木垫块

伸缩缝预留

10~15mm

【木地板与墙面之间关系】

1.实木地板应现场堆放，适应环
  境（时间两星期，高度不超过
  1m）。

2.地面基层处理，确保基层干燥
  平整。

3.地板因铺贴环境的不同，之间的留缝也不同：

　a.潮湿环境下，地板之间留0.1mm宽拼缝。

　b.干燥环境下，地板之间留0.2mm宽拼缝。

4.生活中注意成品保护，避免泡水。

5.地板四周踢脚线下留伸缩缝。

【问题图片】 ▲

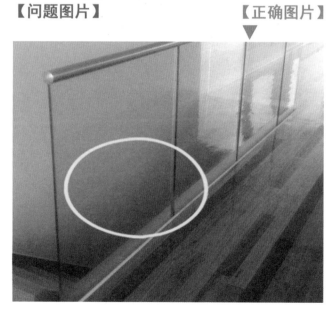

【正确图片】 ▼

【通病现象】

钢化玻璃由于安装不恰当而破碎。

【原因分析】

1.钢化玻璃质量不达标。

2.现场安装过程中局部
　受力而破碎。

3.钢化玻璃插入卡槽时，
　卡槽内杂物未及时进
　行清理。

4.钢化玻璃安装完成后，
　用水泥砂浆补缝。

【预防及解决措施】

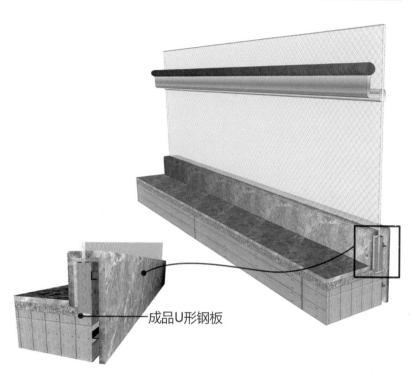

————成品U形钢板

【玻璃栏杆节点示意图】

1.注重成品保护，钢化玻璃在运输及现场堆放过程必须加护角条。

2.钢化玻璃安装时边角受力尽量均匀，避免单角受力，大规格的
　钢化玻璃安装需2名以上工人协同配合。

3.嵌入式钢化玻璃安装前确保卡槽内干净无杂物。

4.后期玻璃完成后可用石膏对缝隙进行填补。

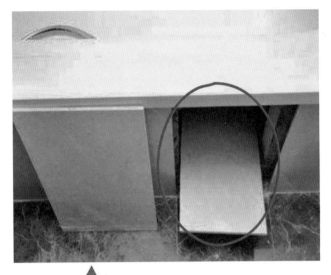

【问题图片】 【正确图片】

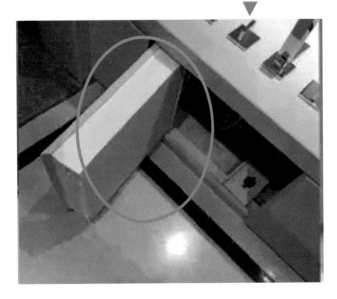

【通病现象】

浴缸石材检修门出现爆边、爆角，影响观感。

【原因分析】

1. 深化下单未考虑检修门闭合开关问题，下单尺寸与现场开孔尺寸不吻合。

2. 检修门现场加工制作，人工切割后容易爆边、爆角，尺寸不统一。

3. 检修门成品保护不到位。

4. 该位置收口节点未进行工艺优化。

【预防及解决措施】

【浴缸检修门示意图】

1. 检修门石材批量下单前，先进行大样确认合格后再进行下单。

2. 增强成品保护意识。

3. 改良收口工艺。

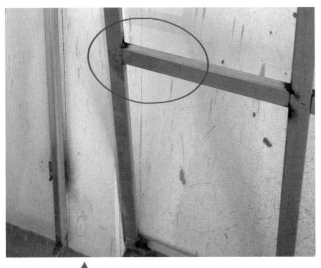

【问题图片】

【正确图片】 ▼

【通病现象】

钢架焊接点的焊缝、焊渣处理不规范。

【原因分析】

1.项目管理人员技术交底不到位。

2.施工工人无质量意识。

3.项目管理人员现场监督管理不到位。

【预防及解决措施】

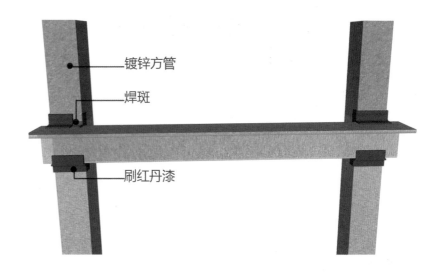

镀锌方管

焊斑

刷红丹漆

【钢架焊接示意图】

1.施工前对工人进行交底,对焊接的面数、长度、厚度进行要求。

2.项目部应对敲除焊渣的工具进行要求,采用较重的尖嘴锤子。

3.加强过程的监督力度,明确涂刷防锈漆的要求。

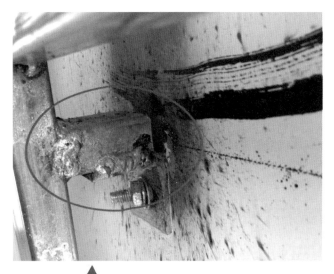

【通病现象】

钢架焊接点有夹渣。

【问题图片】   【正确图片】

【原因分析】

1.钢结构制作未达标。

2.工人无施工质量意识，
   马虎施工。

3.施工管理监督不到位。

【预防及解决措施】

【清除焊渣图】

1.工人应控制焊接电流及速度，并认真清理坡口边缘。

2.使用专业工业刷，配合刷轮机、角磨机等专业工具，方便使用。

3.多层焊接时，应注意每一焊层都要认真清理焊渣，封底焊渣应
   彻底清除。

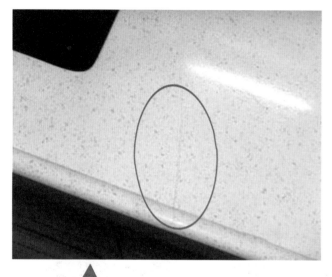

【通病现象】

细木工板基层的服务台石材开裂。

【问题图片】　　　【正确图片】

【原因分析】

1.细木工板未进行防腐、防潮处理。

2.石材饰面与木工板采用云石胶连接，木工板与石材变形系数不同，所以木工板的变形导致石材开裂。

3.工人马虎施工，没有安装牢固。

【预防及解决措施】

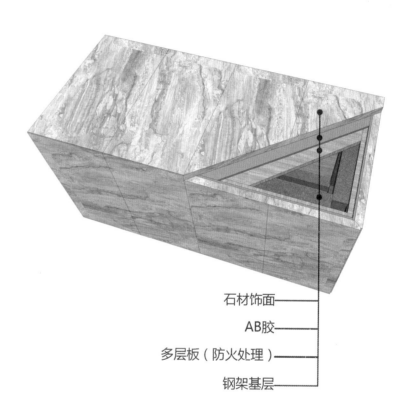

石材饰面———

AB胶———

多层板（防火处理）———

钢架基层———

【吧台石材粘贴示意图】

1.异形服务台应采用多层板基层（变形系数小），并采用AB胶或中性耐候玻璃胶进行安装固定。

2.石材与基层板连接采用柔性AB胶进行固定。

3.石材服务台基层采用钢结构，并焊接牢固。

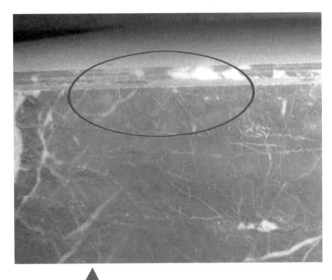

【问题图片】

【通病现象】

石材台面板倒角未打磨到位，
导致多出一条缝隙。

【正确图片】

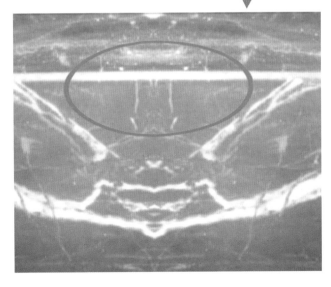

【原因分析】

1.项目部对现场加工未做好
   交底。
2.监督不到位。

【预防及解决措施】

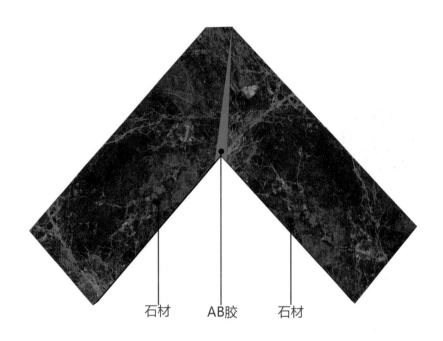

石材   AB胶   石材

【石材台面阳角处理示意图】

1.加强对加工的技术交底。
2.确保磨角磨至缝口。